從大師觀點做甜點

新味

和風餐後甜點料理

大田 忠道 著

瑞昇文化

以大師觀點做甜點

新味 和風餐後甜點料理

目次

創新組合的新感覺和風甜點 34

更新型態的傳統和風甜點 45

前言

從「料理」的觀點來製作甜點

過去，日本料理界感覺沒那麼重視甜點。當時的餐後甜點稱之為「水菓子」，大多是季節水果，不是額外花心思製作的甜點。但是，現在日本料理界，甜點卻具有吸引顧客，提升店家風評的重大作用。

尤其是健康意識抬頭的今天，和洋菓子或西洋甜點比起來，和菓子或和風甜點的熱量低，因此被視為健康甜點而受到矚目。我想今後的料理人，必須將甜點當作是主菜一樣，更努力去開發和風甜點或和菓子。

那麼，要如何開發甜點呢？

我們料理人開發的甜點，和菓子店或甜點專賣門店的師傅們所研發出的甜點不同。我們的工作是，製作能在餐後時光享用，能嚐到新美味的甜點，也就是被當成日本料理的甜點。

由此觀點來看，惟有日本料理的師傅才做得出「料理式的甜點」。

本書，大致從七個觀點來製作和風甜點，包括：「蔬菜為主角的

和風甜點」、「水果製作的和風甜點」、「創新組合的和風甜點」、「更新形態的傳統和風甜點」、「能欣賞烹調表演的和風甜點」、「具創意的人氣和風甜點」及「話題食材製作的和風甜點」等。

例如，書中會用以往不曾出現在甜點中的白菜、茄子、蓮藕、胡蘿蔔、白蘿蔔、蠶豆等蔬菜，來製作美味和風甜點；還有壽司、西式料理能搭配的和風甜點；以及一面製作，一面能讓顧客欣賞烹調表演的甜點等，這些甜點不只讓人享受美味，在視覺上也能讓人獲得滿足與驚喜。

我指導的旅館、飯店和日本料理店，每天都製作這樣的美味和風甜點，深受顧客的喜愛。

今後，總結用餐時光的甜點的影響力越來越大。讀著若能稍加參考本書製作和風甜點的新觀點，將是我最大的榮幸。

大田 忠道

閱讀本書前須知

- 彩頁中和風甜點、和菓子的作法介紹，請見第97~127頁。
- 材料欄中未特別註明分量時，則標示容易製作的分量。依各店用途不同，請自行適量調整。
- 書中的1大匙為15ml、1小匙為5ml。適量為個人喜好的分量。
- 砂糖是使用上白糖（譯註：日本砂糖名，比白砂糖細，純度高，晶粒小。）
- 用於炸油、汆燙的鹽、醋等分量，未明確標示，請事先備妥適當的量。此外，未特別指定的產品，請選用一般商品即可。
- 使用烤箱烘烤甜點時，請務必先預熱。不同的機型，烘烤時間也不同，請視情況自行斟酌調整。
- 同樣的，涼品的冷藏凝結時間也不同，請視實際的冷藏、冷凍狀況加以調整。
- 用於果凍或慕斯中的吉利丁粉或吉利丁片，先預先用水浸泡。雖然書中分別運用吉利丁粉和吉利丁片，但兩者可互相取代。
- 完成後盛盤時所做的盤飾，書中只是舉例，可依個人喜好自行準備。

蔬菜為主角的炫麗和風甜點

用季節蔬菜製作的甜點，因有益身體健康而深受歡迎。
甜點中也納入蔬菜特有的天然甜味與苦味，
是充滿個性的新味甜點。

胡蘿蔔綠花椰菜慕斯

這道慕斯甜點，以攪打成泥的胡蘿蔔和綠花椰菜重疊而成。略帶澀味的蔬菜，加上香濃的鮮奶油，完成後口感更佳。

烤南瓜奶油起司

南瓜的柔和甜味配上奶油起司適度酸味的絕妙組合，使這道甜點呈現豪華的風味。南瓜事先撒上白砂糖烘烤過，甜味更加濃郁怡人。

番茄果凍

用番茄汁製作的果凍，以保鮮膜包裹擰緊，使外觀看起來酷似番茄。這道造型也饒富趣味的甜點，連不愛番茄的孩子也深受吸引。

蜜煮包心菜白蘿蔔泥

口感爽脆的包心菜的淡淡甜味，是這道甜點令人感到驚豔的美味，再加上微甜的白蘿蔔泥。兩種蔬菜以沸水汆燙後，以糖漿浸漬入味，再一起凝結成蔬菜凍即完成。

蜜漬迷你番茄

這三道甜點使用兼具酸味與甜味的個性化番茄製作。即使同樣用糖漿熬煮，但因活用其特有風味，所以依然能呈現多元多彩的滋味。佐配上果凍、優格或冰淇淋，能更加突顯番茄的酸甜滋味。

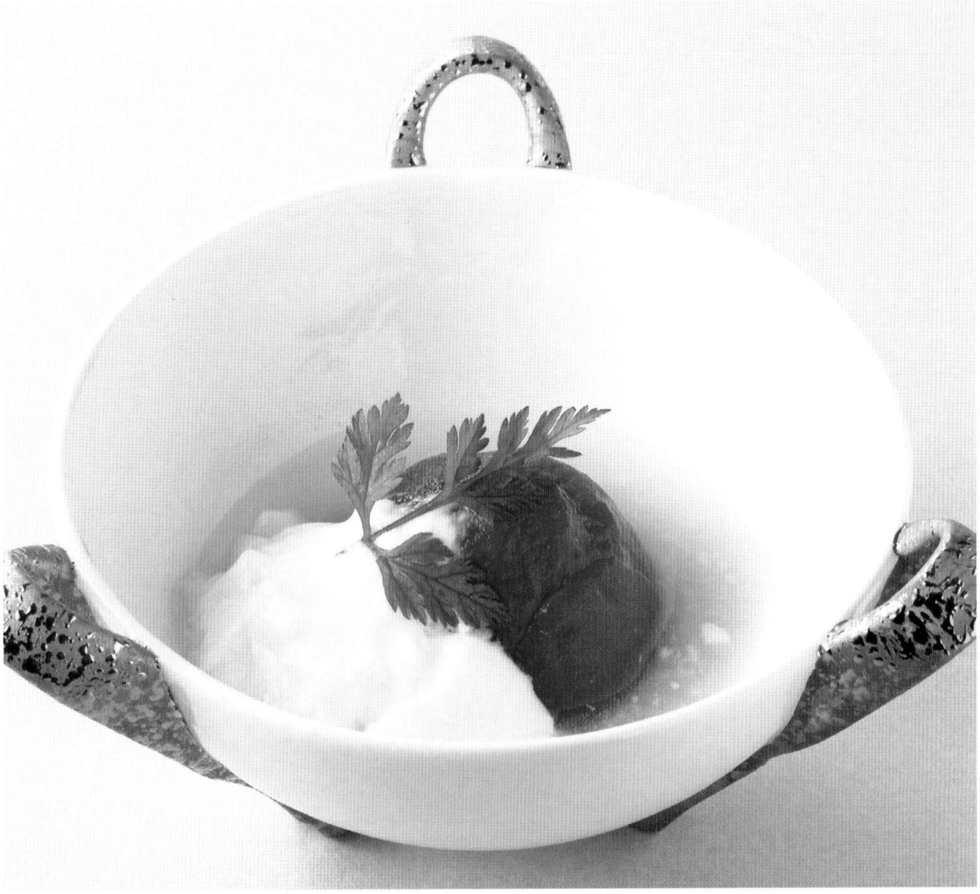

優格佐水果番茄

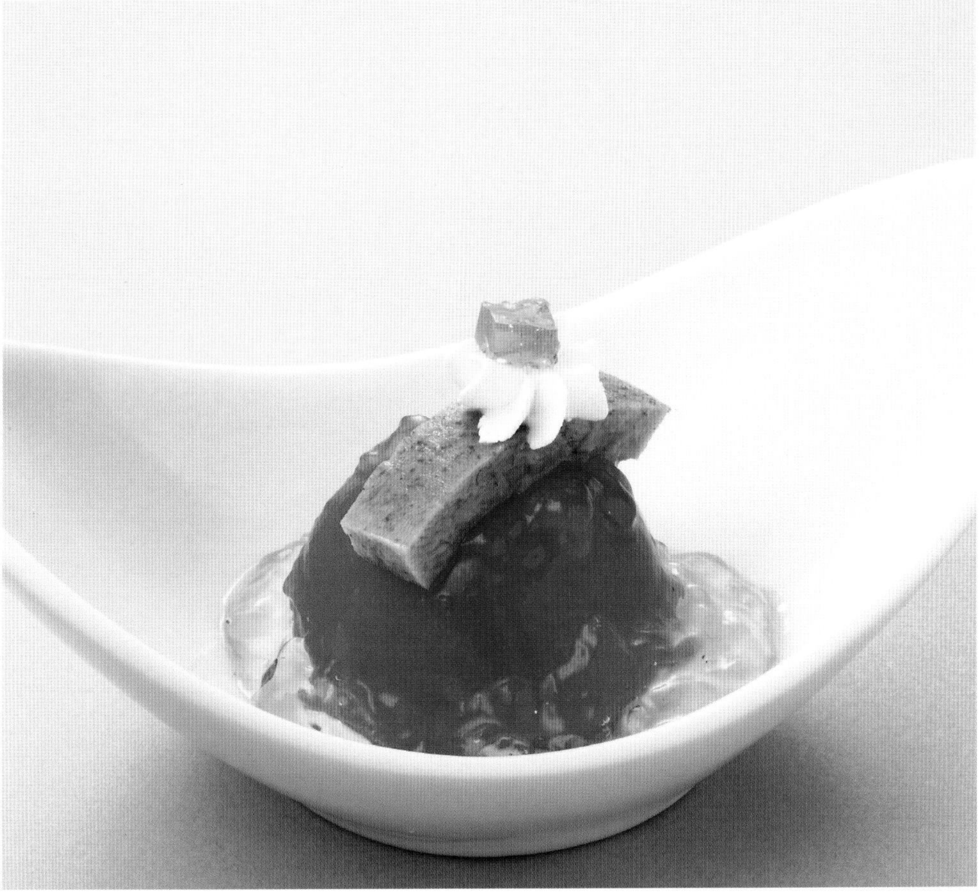

白酒煮番茄 佐蔬果凍

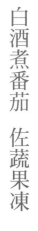

味道清淡、無澀味的冬瓜，是適合製作蔬菜甜點的食材。保留口感以糖漿蜜煮，或搭配果凍、慕斯等，採用不同製作法，能呈現多樣化風貌。

蜜煮冬瓜

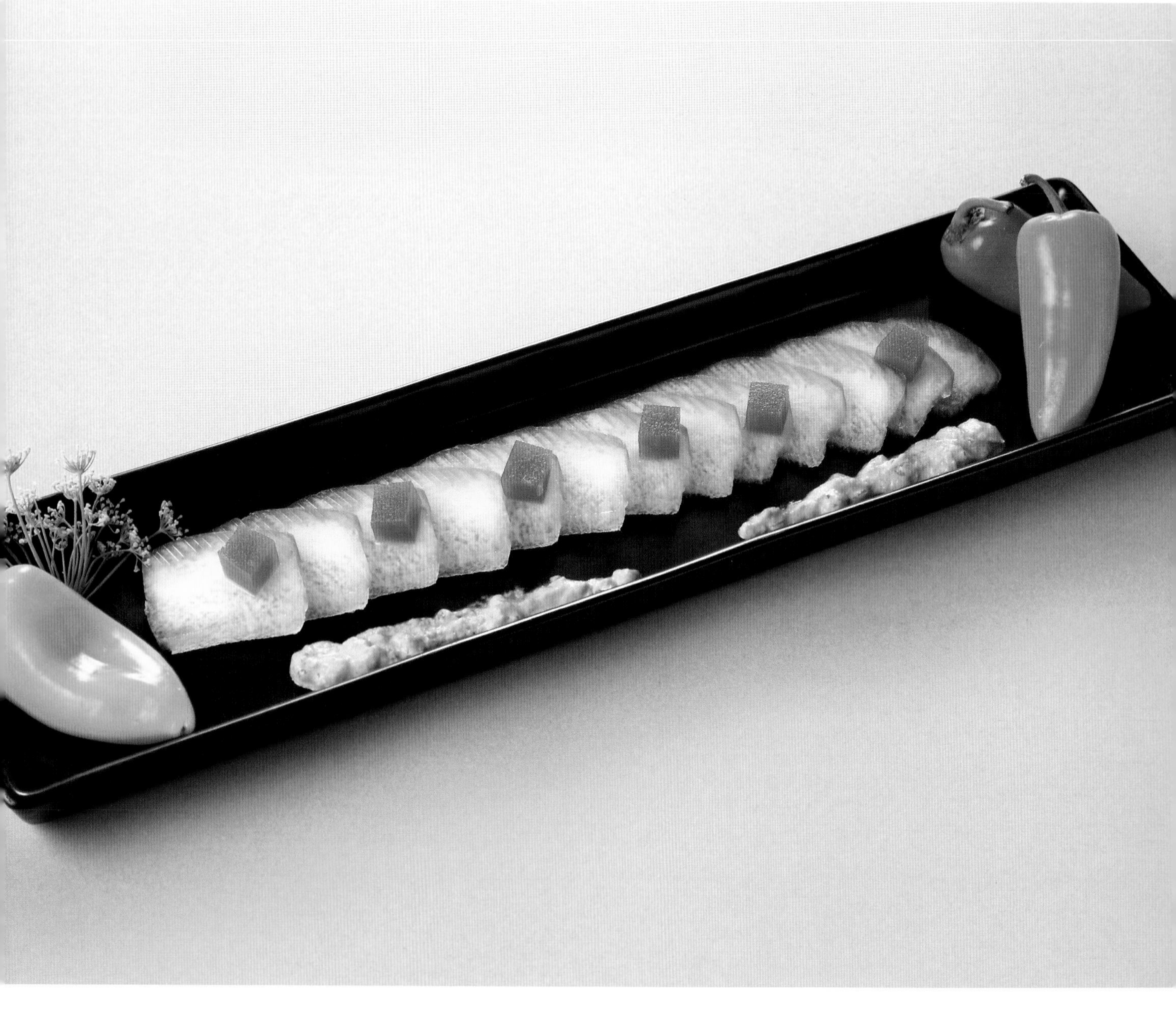

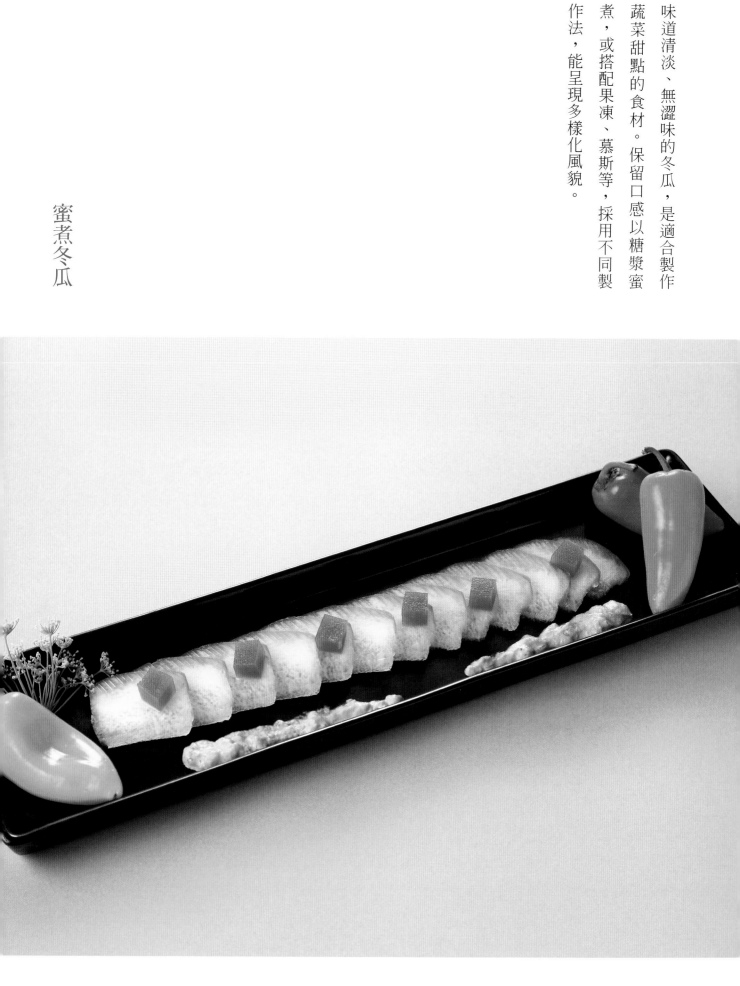

蜜煮冬瓜 酒釀慕斯

蜜煮冬瓜 佐黑櫻桃酒凍

紅薯布丁

滑嫩順口的布丁，很適合作為餐後甜點。使用紅薯或南瓜製作的蔬菜布丁，加入蛋和鮮奶，就能呈現出細滑的口感。

苦瓜布丁

在濃郁布丁中加入苦瓜，就成為這道不論口感與風味都令人耳目一新的布丁。苦瓜用鹽揉抓後，以沸水燙過，適度去除苦味後再使用。

蓮藕慕斯

這是以初夏上市的水嫩新藕製作的慕斯。新藕散發的淡淡清爽甜味與苦味，使這道甜點展現新鮮的滋味。

蜜煮白蘿蔔　淋覆糖漿

這道甜點是將浸漬過糖漿的白蘿蔔香煎後，再以白蘭地酒烹調而成。除了增加白蘭地酒豐潤的香味外，白蘿蔔的澀味也會變柔和，使甜點更添風味。

玉米慕斯

這裡介紹的是活用玉米甜味製作的細滑布丁和慕斯。大家熟悉的風味，最適合用來製作讓人放鬆的餐後點心。它們是人人都喜愛的甜點。

毛豆玉米慕斯

玉米布丁

水晶蠶豆紅豆湯圓

在稀釋糖漿煮過的蠶豆間夾入白色湯圓，周圍凝結透明果凍，使得這道甜點看起來十分清涼，它也適合作為季節前菜或小缽涼菜等。

這道甜點只需一口就能感受季節色彩與外觀的趣味。蠶豆的外形也十分可愛。

栗子紅薯日本酒凍

紅薯與栗子，對味的秋之味覺組合，以日本酒凝結成凍，是一道適合成人的甜點。栗子是使用甘露煮澀皮栗。

沙丘山藥佐抹茶粉

富含水分、口感綿軟的沙丘山藥，也是適合製作甜點的食材。這裡活用它適度的黏滑風味，用火烤香後，再沾上抹茶即完成。

滑潤順口的凍品，雖是常見的甜點，但納入不同個性的蔬菜，或重疊多層蔬菜凍等，不論外觀或味道都能給人不一樣的新鮮感。

蠶豆凍

三色蔬菜凍

水果製作的美味和風甜點

季節水果不是只能當作飯後點心，
還能活用它們不同的酸味與甜味製成甜點。
加入設計感的甜點，也能加深料理整體給人的印象。

什錦水果盅

小玉西瓜經仔細切雕作為容器使用，這道甜點也適合在節慶宴席中推出。使用各式當季水果，再以糖漿凍凝結。也可以使用葡萄柚或哈蜜瓜作為容器來製作。

杏桃乾凍

洋梨凍
佐芒果優格

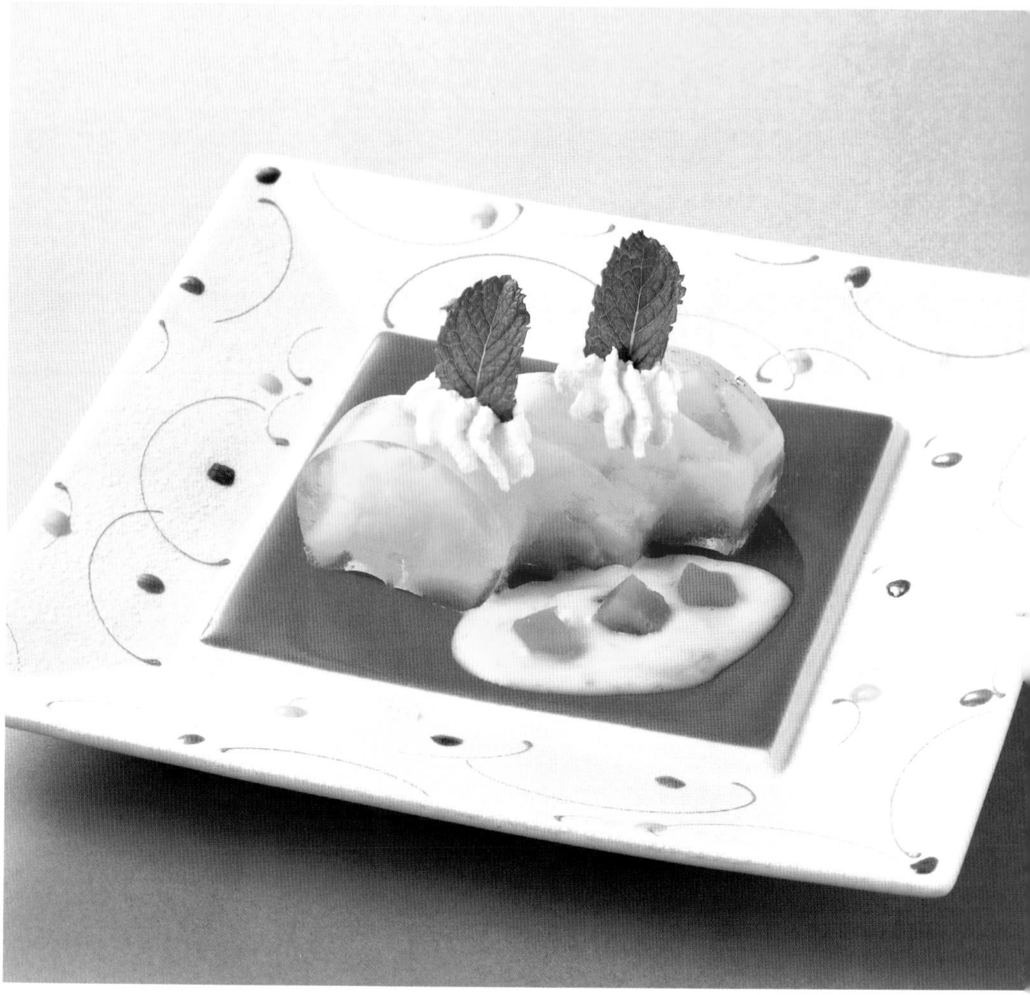

日向夏蜜柑凍

這裡將介紹三道使用果凍液凝結水果，外觀也很清涼的甜點。果凍製作得稍硬些，不僅更具透明感，也能突顯裡面的水果。利用柑橘香甜酒等增加香味、提升風味，是適合成人的風味。

草莓芒果凍

橘子芒果凍

以果汁製作的果凍，具有清爽的酸味與滑潤口感，是不可或缺的餐後甜點。酸味重的柑橘類與甜味濃的芒果等，此甜點中能嚐到各種滋味。製作時，請依當季水果的甜度來調整甜點的甜味。

無花果慕斯

帶有淡淡甜味與香味的無花果，是具有「和風感」的水果之一。打成泥再凝結的慕斯中，還保留果肉特有的顆粒感，是一道個性十足的和風慕斯。

酪梨慕斯

黏稠的果肉與樸素的風味，是酪梨特有的風味。這道慕斯甜點中，活用其他水果所欠缺的濃郁風味。製作時一定要選用成熟的酪梨。

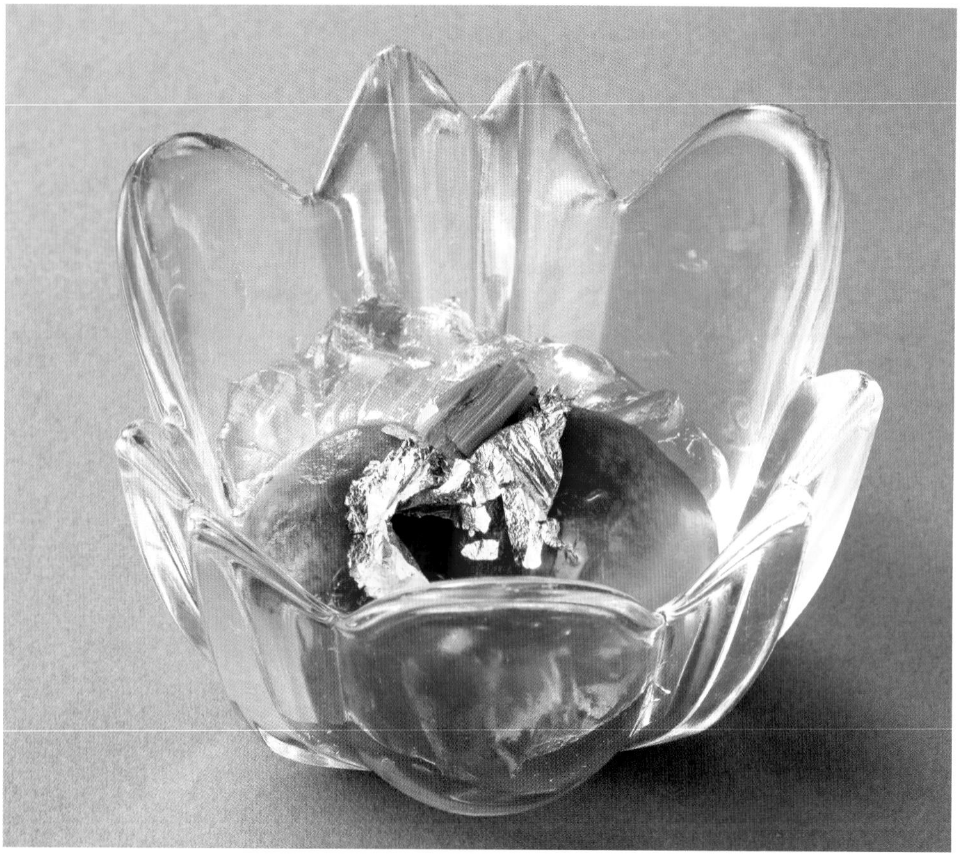

蜜漬無花果

使用蜜漬水果製作甜點，與使用新鮮水果會呈現不同的美味，而且更耐保存。這裡使用旺季出產的無花果，放入加了紅葡萄酒的糖漿熬煮而成。佐配冰淇淋或優格也很美味。

芒果布丁

這是口感細滑濃醇的人氣芒果布丁。美味製作的祕訣之一，是使用甜味與香味都很濃郁的完熟芒果。而且多費工夫混合吉利丁和洋菜，布丁即使在常溫下也不易融化。

水果塔

這是能充分品嚐白桃、柳橙、鳳梨、黃金奇異果等水果美味的塔甜點。儘量使用完熟的水果，才能和卡士達醬充分融合。

檸檬凍

這道果凍甜點雖然是使用檸檬汁簡單製作而成，但因加入白色柑橘香甜酒，香味更迷人。清爽的檸檬酸味，也使風味更加豐富。

創新組合的新感覺和風甜點

將蔬菜和水果等不同食材組合、在水果上淋上和風醬汁，
或將餐點菜色變換成甜點等，
創新組合製作的和風甜點，將帶來嶄新的美味。

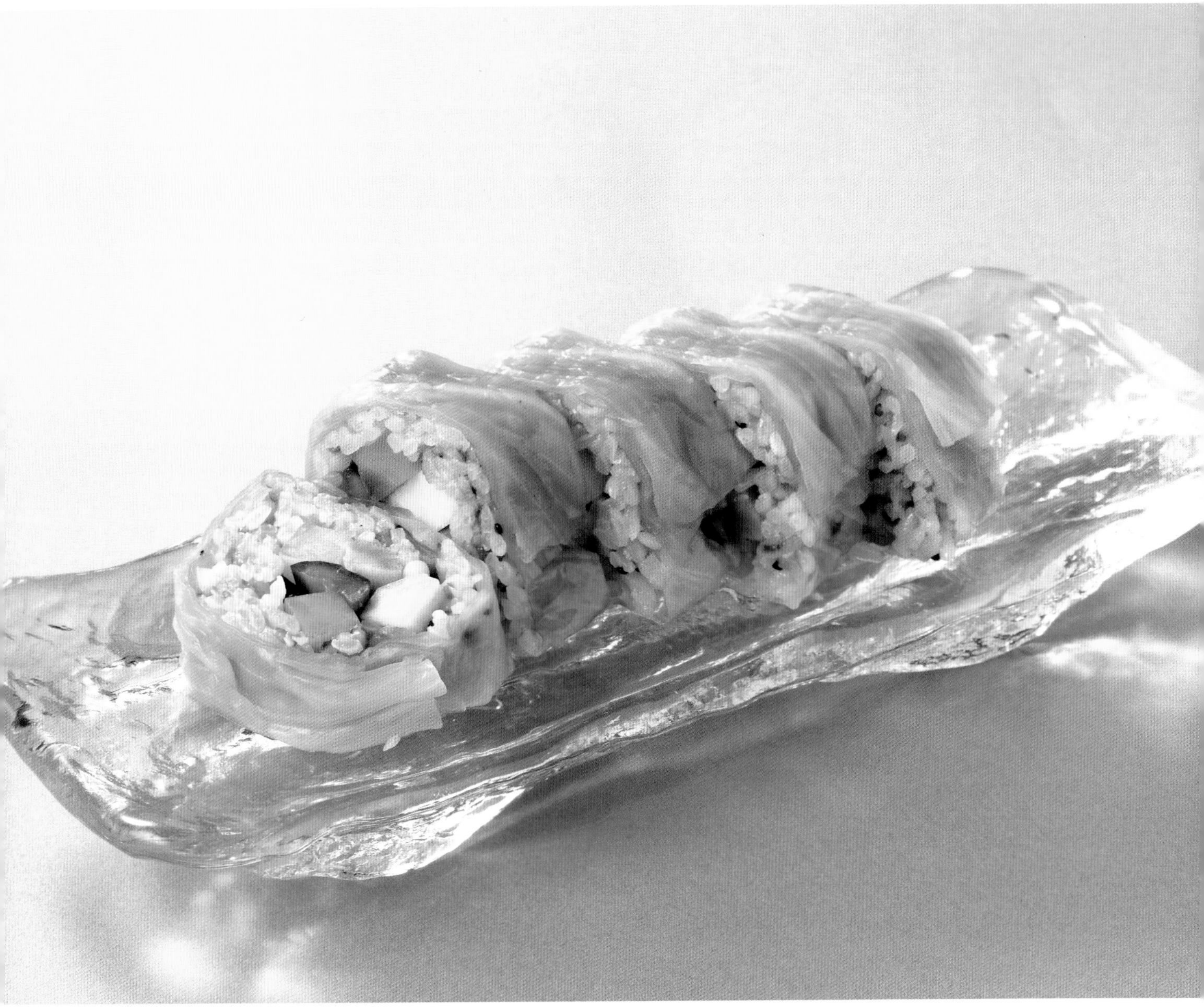

水果壽司

這是在五穀米中混入水果醋，以水果作為餡料的壽司風甜點。除了讓人享受到柔和的酸味外，還能吃到以糖漿醃過，用來捲包壽司的包心菜的爽脆口感。

1 在捲簾上鋪上包心菜，放上壽司米和餡料。

2 從面前處開始捲包，讓餡料能置於中央。

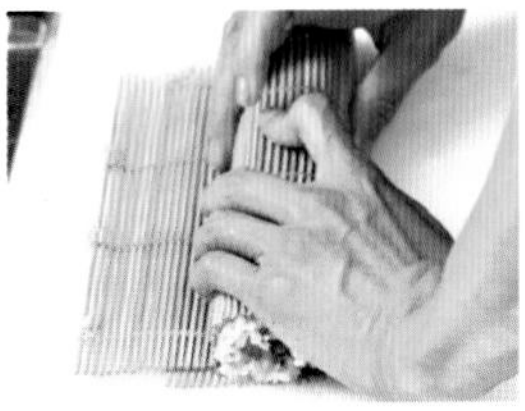

3 捲好後，將捲簾往前拉，讓壽司捲捲得更緊。

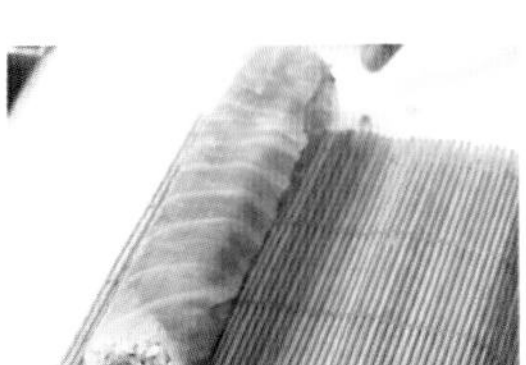

4 打開捲簾，用刀整齊分切。

木瓜包心菜凍

木瓜獨特的風味與糖漿醃漬包心菜一起食用，讓人享受意想不到的美味。以蜜煮花豆作為裝飾，展現出和風特色。

白桃包心菜捲

這是用口感爽脆的包心菜，包裹白桃細柔果肉的甜點。食用時可佐配卡士達醬，另外還加入較罕見的酸漿。

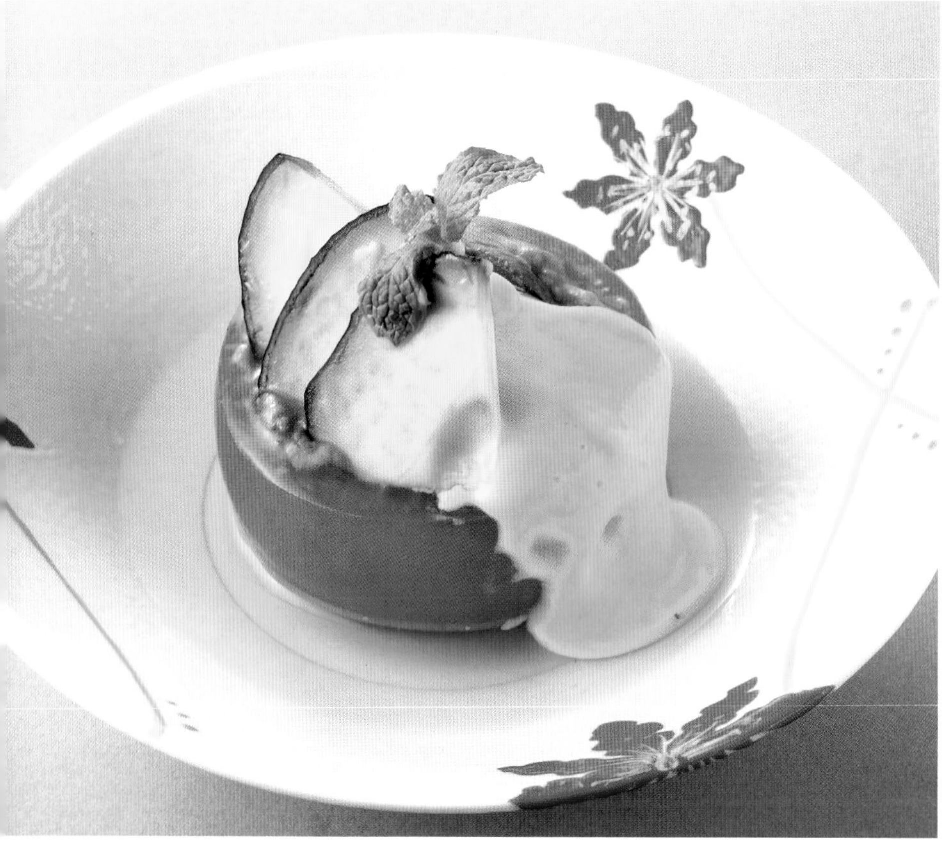

鑲番茄　佐酪梨鮮奶油

這道美麗的甜點，外觀像是西式餐點的前菜。作法是在糖漿煮番茄中，填入酪梨、鮮奶和蛋黃混合的酪梨鮮奶油和紅豆餡，以完成濃郁美味。

香蕉蓮藕慕斯

用食物調理機將香蕉和新藕攪打成泥狀，加入吉利丁和鮮奶油製作成慕斯，再裝飾上蜜煮蠶豆等，即完成這道色彩豐富的日式甜點。

五色水果海帶芽捲

這是組合海藻和水果，創作出的新美味。海帶芽的口感與大海的芳香，給人留下深刻的印象。上桌時還佐配柳橙醬汁。

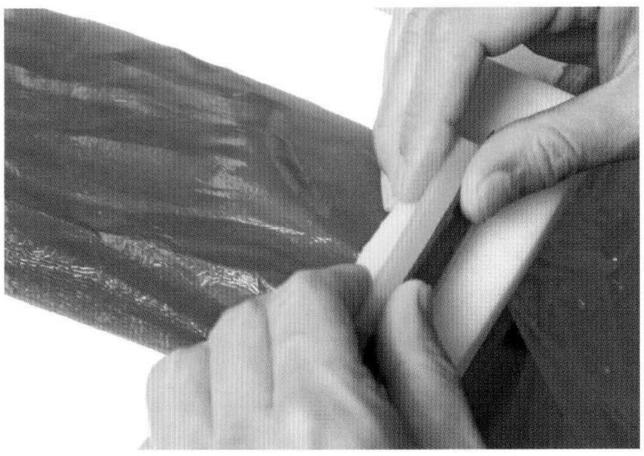

攤開過熱水泡開的海帶芽，在邊端放上切成長條形的水果，再仔細的捲包起來。

水果披薩

這是深受團體顧客群歡迎的豪華甜點披薩。披薩麵團上塗上白豆餡，放上各式各樣的水果，再裝飾上卡士達醬即完成。

酪梨水果球梅酒凍

利用酪梨作為容器，和裡面盛裝的各色水果球形成對比，這道甜點在外觀上也下足工夫。梅酒凍的香味更增和風甜點的魅力。

炸水果包

這道甜點以春捲皮包裹水果，再放入油炸，呈現中日合璧的感覺。外表酥脆，裡面卻有豐潤多汁的水果，讓人獲得口感上的雙重享受。

水果春捲

用春捲皮捲包香蕉、酪梨和無花果等水果，呈現中式點心風格，讓人享受酥鬆的口感。

1 將水果春捲放入 160℃的熱油中油炸。

2 春捲浮起後，撈出瀝乾油分。

無花果天婦羅

這道熱甜點採用和式料理的烹調手法。無花果裹上麵衣油炸成天婦羅，上桌前還佐配蜜煮金時豆和紅薯。

芝麻醬拌無花果和枇杷

散發芝麻香的乳脂狀和風醬汁，和水果超級合味。除了無花果和枇杷外，和柿子、梨等水果搭配，也能成為美味甜點。

橙香白菜

將白菜置於柳橙糖漿中浸漬入味。蔬菜的甜味與水果的酸味，形成令人耳目一新的美味。

黑豆菠菜磅蛋糕 佐南瓜醬汁

人氣和風磅蛋糕上，淋上人氣醬汁，更添無限魅力。美麗的色彩也是這項商品的開發重點。

更新型態的傳統和風甜點

許多經典和菓子的美味人人都愛。
本單元將介紹許多傳統又兼具「現代」美味的甜點，
讓你享受懷念又新鮮的滋味。

香蕉大福

添加水果酸味的大福，吃起來十分清爽，作為餐後甜點也非常討喜，香蕉、草莓或奇異果等，請你試用各種水果來製作。

1 用微波爐將求肥麵團加熱成黏稠狀。（在小碗中鋪上保鮮膜，倒入求肥麵團，用微波爐加熱20 秒。）

2 熟透之後，呈柔軟的狀態。上面放上包了香蕉的紅豆餡，連同保鮮膜一起把餡料包裹起來。

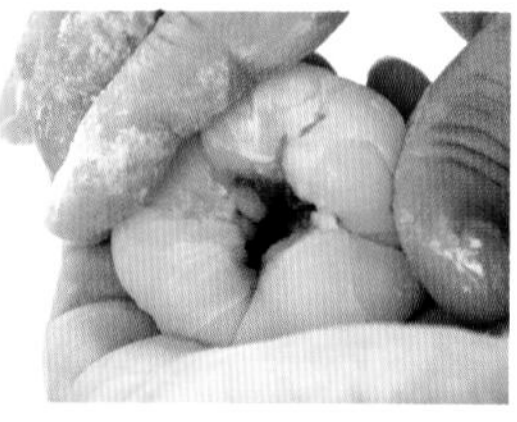

3 拿掉保鮮膜，一面沾上太白粉，一面揉捏求肥麵團讓它延展，將餡料漂亮包裹起來。

夏季蔬菜蜜豆

這是使用玉米筍、番茄、蠶豆、秋葵等夏季蔬菜製作的蜜豆甜點。蔬菜分別用沸水燙過，減少青澀味後，再用糖漿醃漬入味。

白蘿蔔年糕湯

年糕湯是在白豆餡中加入起司、鮮奶和鮮奶油製作而成。使用奶油起司和馬斯卡邦兩種起司，使味道更濃郁。白蘿蔔年糕和珍珠粉圓的黏稠感很對味，是一道充滿異國風味的點心。

抹茶湯圓

以鮮奶稀釋的抹茶和白湯圓充分交融，這是一道能享受圓潤、濃郁滋味的甜點。加入葛粉增加濃稠度，使抹茶和湯圓更能融為一體。

紅紫蘇雞尾酒

使用紅紫蘇煮出的鮮麗煮汁，可製作果汁或雞尾酒。富藥效的紅紫蘇，在食欲不振的夏季，最適合作為餐前酒。用糖漿或蘇打水稀釋，也很受孩子的歡迎。

1 將洗淨的紅紫蘇葉放入熱水中煮過。

2 紅紫蘇的紅色素慢慢的釋出煮汁中，葉子會變成綠色。等色素充分釋出後，加入有助發色的檸檬酸。

3 用金屬濾網濾取煮汁。

4 加入檸檬酸，會呈現漂亮的紅寶石色。飲用時，建議用梅酒、糖漿或蘇打水稀釋。

日本酒凍

這道甜點的旨趣，在於讓入口即化的果凍呈現日本酒風味。若使用充滿地方色彩的日本酒，甜點將呈現更受矚目的另一番風貌。

酪梨刨冰

這道甜點是在剔除種子的酪梨中，放上大量的刨冰，再淋上加了醋橘的糖漿。味道溫潤的酪梨，簡單就變化成夏季的甜點。

西瓜凍

這道甜點是將挖出的西瓜肉打成果汁再製成西瓜凍。西瓜汁倒入皮中，冷藏使其凝結後再分切，撒入的黑芝麻看起來像是西瓜籽。它是能讓人同時享受水嫩西瓜與美麗外觀的夏季冰涼甜點。

黑芝麻湯圓

這是使用大量營養黑芝麻製作的健康甜點。黑芝麻的香味，醇厚溫潤的美味，讓人意猶未盡、一吃上癮。

黑糖蕨餅佐黑糖蜜

在這道甜點中，具滑潤口感的人氣蕨餅，以隨手可得的葛粉來製作。建議搭配風味怡人、以蕨餅混合黑糖仔細熬煮的黑糖蜜。

青梅涼圓

甘露煮青梅是日本料理中不可或缺的初夏美味。葛粉涼圓具有冰涼的口感，是最適合夏季的清涼甜點。

紅葉栗子凍

以洋菜凝結的甘露煮栗，是讓人品嚐秋之風情的豐潤甜點。洋菜液染成紅、黃色，用以表現秋季變色的紅葉。

青豆鬆　佐藍莓優格醬汁

這道甜點是在鬆散的青豆鬆上，放上和菓子甘露煮栗。淋在甜點上的藍莓優格醬汁的酸味，更加突顯其甜味。

大納言蛋糕

這是加了大量紅豆餡，帶有烘烤風味的豐潤蛋糕。放上紅豆餡和甘露煮栗後，散發出和菓子般的濃厚甜味。

糖漿煮柿

這是活用柿子的甜味，以薄蜜煮成的豐潤點心。與其選擇完熟的柿子，這道點心更適合使用稍硬的柿子，表面的裝飾切花，使外形更美觀。

白蘿蔔紅豆涼圓

白蘿蔔泥和糯米粉攪拌混合，完成後的甜點具有白蘿蔔年糕般的黏稠口感。白蘿蔔泥殘存的淡淡辛辣味，讓人嚐到不一樣的新鮮滋味。

五穀米餅　佐卡士達醬

混合各式穀類的五穀米，不但富有營養，Q韌的口感和香濃風味，也是它受歡迎的原因，它也能應用在經典的萩餅中。這道甜點還加上味道溫潤的卡士達醬。

雪山

這是用柔軟的求肥皮包住餡料的和菓子。餡料中暗藏甘露煮青梅和水果，讓人同時能吃到清爽的酸味。

毛豆煎餅

這是麵團中揉和毛豆，口感黏Q彈牙的烘烤煎餅。佐配上八丁味噌，還能享受鄉村風格的樸素風味。

五色蔬菜金鍔燒

這道甜點是在用白蘿蔔、胡蘿蔔、紅薯、南瓜和豌豆製作的羊羹上，裹上薄麵衣後煎烤而成。為了能透見羊羹的鮮麗色彩，製作的重點是以低溫煎烤，別讓麵衣烤到有焦色。

色彩鮮麗的羊羹，全部以蔬菜製作。分別蒸熟後，以網篩過濾成泥狀，再加洋菜液凝結而成。

根菜求肥捲

這是用牛蒡、胡蘿蔔、南瓜和紅薯等蜜煮根菜作為內餡，以柔軟的求肥皮捲包而成的甜點。獨特的口感是根菜才有的美味。裝飾上巧克力醬汁，還能呈現時尚的西式甜點韻味。

四種傳統和菓子

這裡介紹的和菓子是大家熟悉的茶點，長久以來一直深受各年齡層朋友的喜愛。它們作法雖然簡單，但請嚴謹製作，以傳達手作的美味。

紅豆涼圓

這是在紅豆餡上裹上葛粉，口感美妙的甜點。餐後想吃少許略甜的點心時，最適合應用此甜點。

【材料】（10個分）
葛粉 30g
砂糖 30g
水 240ml
紅豆餡 150g

【作法】
1 在鍋裡放入葛粉、砂糖和水，充分混合後加熱，迅速攪拌混勻。
2 將紅豆餡分成10等份，每份15g，揉圓。
3 將揉圓的2放入1中，裹上葛粉，用叉子等舀取放在淺鋼盤中放涼。

御手洗丸子

在香烤的丸子上，裹上甜辣醬汁，這是一道令人懷念的樸素點心。醬汁中加入水飴，能使烤好的丸子泛出光澤。

【材料】（7串份）
湯圓
上新粉 200g
（譯註：粳米磨製的粉）
熱水 280g
味醂 25ml
水飴 30g
醬汁
水 100ml
濃味醬油 90ml
砂糖 120g
太白粉水
（太白粉25g 水40ml）
※水飴：即麥芽糖

【作法】
1 在料理盆中，放入上新粉和熱水充分混合，攤放在鋪有濕布的蒸鍋中，開大火炊蒸。
2 將1取出趁熱用研磨棒捶搗，揉成直徑2cm的棒狀，再切成2cm寬，揉圓後，每4個串成一串。
3 製作醬汁。在鍋裡加入水、濃味醬油和砂糖加熱，加入調勻的太白粉水增加濃稠度，加味醂、水飴充分混勻。
4 將2的丸子放入平底鍋中，正反面煎至焦黃，再沾浸醬汁即完成。

銅鑼燒

在麵團中加入味醂和蜂蜜，能烤出口感濕潤的銅鑼燒。

【材料】（約15個份）
麵團
蛋 2個
砂糖 120g
味醂 15ml
蜂蜜 20g
小蘇打水
（小蘇打1/3小匙 水15ml）
低筋麵粉 120g
高筋麵粉 20g
水 50ml
紅豆餡 250g
鮮奶油、甘露煮栗、山蘿蔔 各適量

【作法】
1 在料理盆中將蛋打散，加入砂糖，一面隔水加熱，一面用打蛋器攪打至五分發泡的程度。
2 在1中加入味醂和蜂蜜混合，加入小蘇打水和50ml的水混合。
3 將高筋麵粉和低筋麵粉混合過篩，加入2中迅速混合，放置15～30分鐘醒麵。
4 將平底鍋加熱，薄塗上沙拉油，倒入麵糊讓它成為直徑10cm的圓形。煎至表面冒泡，再翻面續煎，完成後放涼。
5 在4中夾入15g的內餡，再裝飾上鮮奶油、甘露煮栗和山蘿蔔。

雙色萩餅

用白豆餡和紅豆餡包裹半碾碎的糯米，形成雙色。用於餐後甜點時，外形可以製作得小一些。

【材料】（約15個份）
紅豆餡 200g
白豆餡 200g
糯米 300ml
水 240ml
砂糖 50g

【作法】
1 糯米洗淨，泡水半天備用。
2 在1的糯米中加水蒸熟。
3 在2中加入砂糖和鹽，用擀麵棍搗成略有顆粒的程度。
4 糯米趁熱揉成長橢圓狀，放在壓平的紅豆餡上包起來。白豆餡的萩餅也是相同的作法。

心情躍動！精彩甜點秀

藉由各式各樣的表演，甜點能散發更誘人的魅力。
在客席間製作甜點，將傳達無限美味，
令人興奮期待的甜點，現場直接供應給顧客，
充滿趣味的烹調表演，能牢牢抓住顧客的心。

客前冰淇淋

在容器中倒入冰淇淋液，再注入液態氮。以繞圈方式混拌，會開始冒出濃濃白煙，簡直就像神奇的魔法壺般。不一會兒，容器中的冰淇淋就完成了。如此有趣的演出，將深深吸引顧客的目光。

1 將加入抹茶的冰淇淋醬汁倒入容器中。

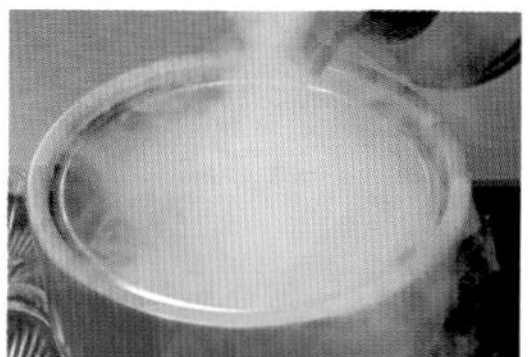

2 從上方倒入液體氮，開始冒出濃濃的白煙。

3 在裝有 1 和 2 的容器中，用湯匙迅速繞圈混拌。

4 混拌到醬汁凝固，抹茶冰淇淋就完成了。

5 完成後，將抹茶冰淇淋盛入陶器等容器中。

海之螢

在糖漿海中漂浮著各式各樣的水果，看起來好似海螢一般，甜點因得此名。從大碗中自在隨興的撈取自己喜愛的水果享用，這種快樂使這道甜點深受歡迎。

六種涼凍

這是適合成人使用白色柑橘香甜酒製作的甜點。六種涼凍並列在高腳杯中的豪華氣勢，一登場常贏得顧客「哇，真美！」的驚呼聲。

三色球凍

紅、黃、綠三色可愛的圓形果凍，分別盛裝組成拼盤。變化裝飾的水果，外觀也饒富趣味。

烤茄冰淇淋

這是在卡士達醬汁中混入蜜煮烤茄，製作而成的創意冰淇淋。在送至客席之前，顧客能看到用瓦斯噴槍燒烤冰淇淋的表演。

在顧客面前用瓦斯噴槍將冰淇淋表面燒烤出焦色，除了能強化烤茄的意象外，同時還展現現場製作剛出爐的新鮮感。

番茄凍

在可愛的花盆中盛裝漂亮甜點，以垂吊方式上桌的話，是什麼樣的感覺呢？如童話故事般的這道甜點，在顧客間蔚為話題。

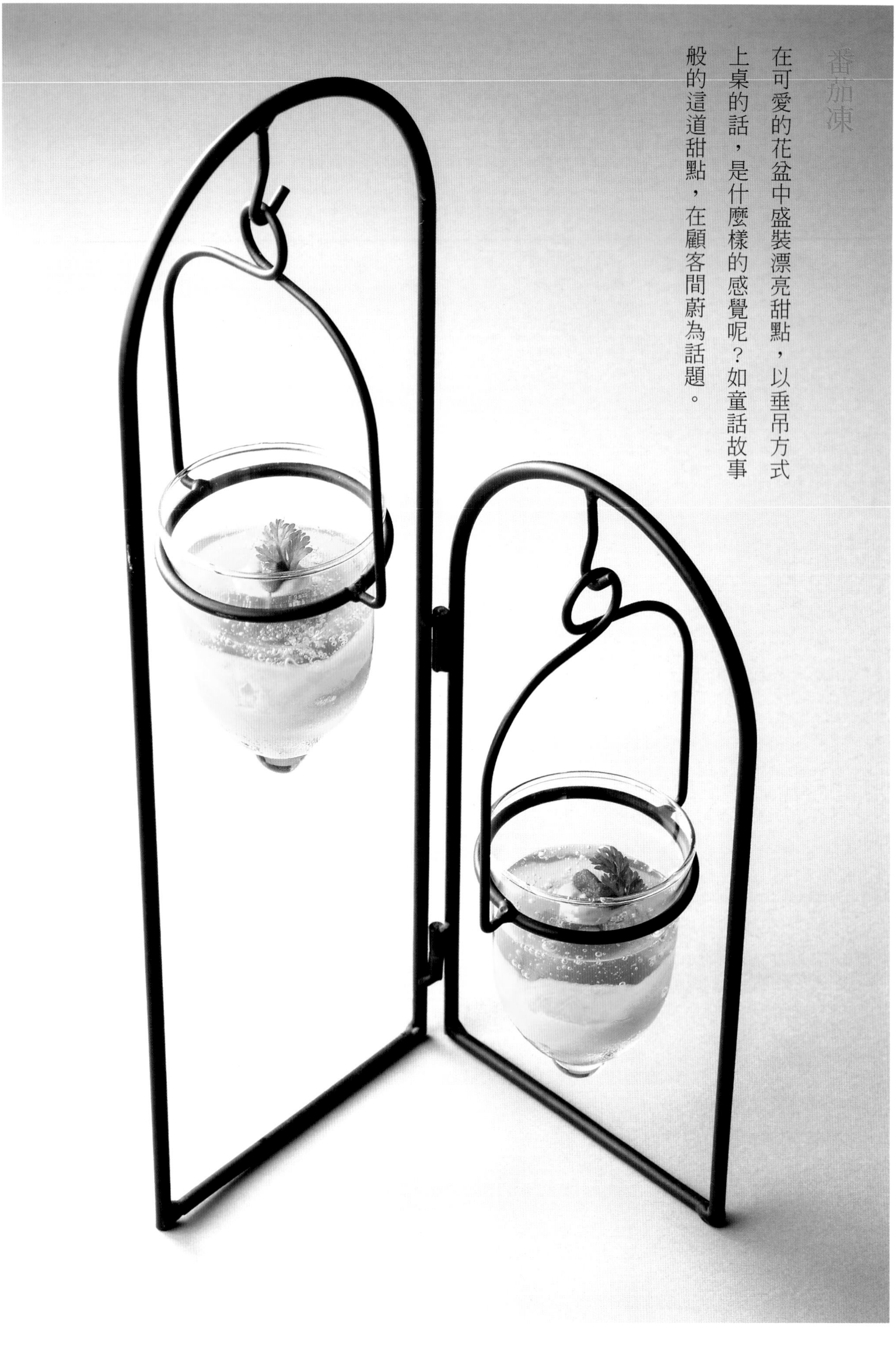

黑糖葛粉皮

從葛粉凝固開始到切開為止，葛粉皮整個製作流程全展現在顧客面前，饒富趣味。許多人都是首度了解製作過程，經口耳相傳造成很大的宣傳效果，也讓它成為一道人氣甜點。

1 將葛粉、砂糖和水一起混合，在淺鋼盤中倒入熱水。

2 將淺鋼盤整個泡入熱水中，葛粉液呈透明後，放入冰水中浸泡。

3 從鋼盆中慢慢的取出葛粉皮。

4 用刀分切葛粉皮，盛入容器中。

五色蔬菜布丁

這是適合團體顧客的甜點供應方式。在精巧漂亮的玻璃容器中製作的五顏六色布丁，盛在鋪有冰塊的大盤中，能讓顧客享受到挑選口味的樂趣。

極具創意的人氣和風甜點

世界各國人氣甜點中使用「和風」食材的點心，
不但容易讓人親近，而且任何型態的餐廳都容易採用。
本單元將介紹強調日式風格，讓人感覺更時尚的甜點。

冰淇淋天婦羅

這道甜點外表很熱，裡面卻融出冰冷的冰淇淋。食用時，不但能嚐到裹著麵衣的「最中」餅皮與冰淇淋完美交融，還能享受不同溫度帶來的趣味。

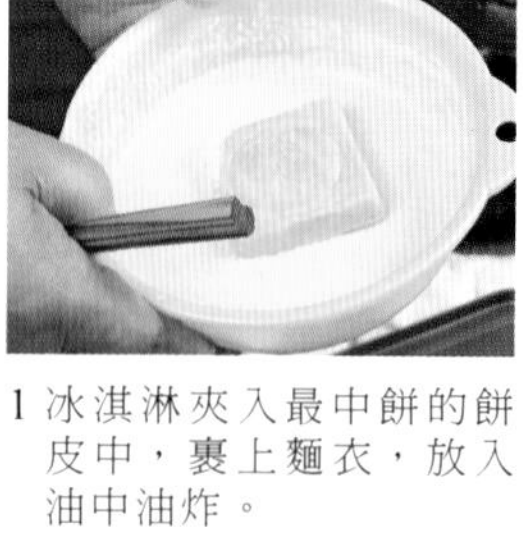

1 冰淇淋夾入最中餅的餅皮中，裹上麵衣，放入油中油炸。

2 最中餅的皮較難傳熱，因此冰淇淋不易融化。

氣球餅

剛搗好的艾草餅一面沾上防沾麵粉，一面揉圓，再放入油中油炸即完成。油炸過程中，餅像氣球般不斷膨脹。口感上還能享受炸餅般酥脆爽口的樂趣。

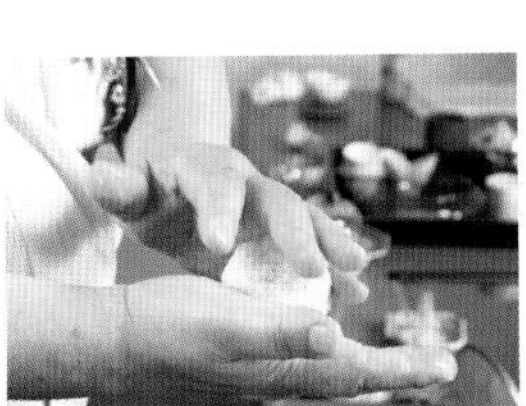

1 剛搗好的餅仔細揉圓，直到表面完全沒有接縫為止。

2 小心放入炸油中，不要讓它變形。

3 一面滾動，一面油炸，直到餅中空膨起。

蒙布朗蕎麥麵

這是以蕎麥粉和栗子泥混合製成的蕎麥麵甜點。蕎麥散發的芳香與風味，和栗子蒙布朗的味道截然不同，是一道饒富野趣的創意美味。

栃餅的冰淇淋薄餅

風味樸素的栃餅，和香草冰淇淋一起包入薄餅中。它是妙用栃餅的淡淡苦味與黏韌口感的和風薄餅。

斑豆塔

芳香的塔皮上，盛著滿滿的鮮奶油和斑豆鮮奶油。濃厚的鮮奶油上還裝飾著蜜煮斑豆，給人最高的滿足感。

布丁冰涼細滑、入口即化的柔嫩口感，深受大眾的喜愛。採用焙茶、黑芝麻、豆奶和黃豆粉等和風食材，也給人健康的感覺。

豆奶布丁

黑芝麻布丁

花豆布丁

焙茶布丁

烤蘋果佐卡士達醬

這道甜點是在酸甜風味的小紅玉蘋果中，填入肉桂糖烘烤而成。最後厚厚放上一層口感溫潤的卡士達醬，讓人能充分享受酸味與甜味調和的美味。

豆腐起司蛋糕

這是在奶油起司中加入絹豆腐的和風起司蛋糕。加入豆腐吃起來口感更清爽。倒入梅花或櫻花狀模型中製作，甜點更添季節感。

蜜煮及黑糖煮白桃

用糖漿熬煮盛產期的桃子，與新鮮桃子所呈現的風味截然不同，極受歡迎。另用黑糖糖漿熬煮，兩種口味一起上桌，讓人更加滿足。

豆奶芒果雙色布丁

溫和濃郁的豆奶和香甜的芒果布丁，層疊在玻璃容器中，盛盤方式展現熱帶風情。調和的色彩與風味，成為一道亮眼吸睛的甜點。

桑葉慕斯

這是用被視為健康食品的桑葉製作的慕斯甜點，能滿足健康的訴求。將乾桑葉磨成粉末，或打成汁再混入慕斯糊中製作而成。

五花八門的餡料

和風甜點中絕少不了紅豆餡。從基本的水煮紅豆法，到紅豆粒、紅豆沙的作法，以及取代豆餡的卡士達醬、蔬菜泥等，以下都將一一說明介紹。

小豆水煮

紅豆餡可分為紅豆粒和紅豆沙。兩者都是水煮而成。水煮時，紅豆經過「去除澀味」的作業，能夠製作出風味更高雅的餡料。

【材料】

紅豆（乾） 適量

水 適量

【作法】

1 紅豆用水洗淨，剔除雜質、蛀豆和未熟豆等。

2 在1的紅豆中加入2倍紅豆量的水，開火加熱，煮沸後，加冷水，讓煮汁的溫度降至50℃以下。

3 將2再度加熱，煮沸後倒掉煮汁，加冷水清洗紅豆。

4 在3中約加2倍量的水，以中火熬煮1個半小時。煮汁變少的話，再加足水，一直煮到紅豆用手指可輕鬆捏碎的硬度。

【重點筆記】

・熬煮過程中需補足水量，這樣才能使煮汁的滲透性變佳，均勻的煮軟紅豆整體。

・紅豆水煮換水的作業，為的是「去除澀味」，豆皮中含有皂素、丹寧酸和橡膠質等澀味，透過水煮能去除。但是，若使用新豆時最好只將一半分量的豆子去除澀味，以保留紅豆的風味，這樣完成的紅豆餡色澤也較佳。

紅豆粒

這是在已水煮去除澀味與豆腥味的紅豆中，加入砂糖完成的紅豆餡。雖然不同用途的甜度有差，但大致的標準是乾紅豆和砂糖等量。完成時加鹽更能突顯其甜味。

【材料】

小豆（乾） 150g

水 適量

砂糖 150g

鹽 少量

【作法】

1 水煮紅豆。

2 將1放入鍋裡加熱，砂糖分3次加入其中，熬煮到水分變少為止。最後加鹽調味，放涼。

【重點筆記】

・一次加入所有砂糖，紅豆會變硬，因此要分3次加入，這樣甜味才能滲入豆子裡面。

紅豆沙

這是能品嚐紅豆清新高雅風味與甜味的紅豆餡。紅豆皮仔細過濾剔除後，放入水中漂洗，加砂糖慢慢熬煮。

【材料】

紅豆（乾） 150g

水 適量

砂糖 適量（豆沙餡液重量的一半）

鹽 少量

【作法】

1 水煮紅豆。

2 在料理盆上放上金屬濾網，放入煮好的紅豆，一面不時用水澆淋，一面壓碎紅豆過濾，讓紅豆皮和子葉部分分開。

3 將過濾到料理盆中的紅豆餡，用40網孔的網篩再過濾，剔除更細碎的皮。

4 將篩過的紅豆餡液裝入棉布袋中，再過濾。

5 將4放入鍋中，一面分3次加入砂糖，一面熬煮到水分變少為止。最後加鹽調味，放涼。

卡士達醬

溫潤濃郁的卡士達醬，能取代豆餡或醬汁，廣泛運用在甜點中。要製作細滑的卡士達醬時，過濾混合的材料之後，再熬煮。

【材料】
鮮奶　800ml
蛋黃　8個
砂糖　160g
玉米粉　80g
香草精　少量

【作法】
1 在料理盆中，放入鮮奶、蛋黃、砂糖和玉米粉充分混合，過濾。
2 將1隔水加熱，熬煮到變濃稠為止，當醬變細滑後，連盆放入冰水中冷卻，再加香草精。

南瓜泥

這是活用鬆軟南瓜甜味的餡料。除了能取代紅豆餡使用外，也很適合用在蛋糕、薄餅或餅乾等西式甜點中。

【材料】
南瓜　300g
砂糖　150g
鮮奶油　50ml

【作法】
1 南瓜去皮，剔除種子，用水煮軟。
2 將1過濾放入鍋裡，加入砂糖攪拌。完成時加入鮮奶油，熬煮直到變細滑為止。

安納紅薯泥

紅薯中肉質屬於較黏稠的安納紅薯，碾成泥後再製成乳脂般的薯泥。這裡也是加入鮮奶油來增加濃郁度。

【材料】
安納紅薯　300g
砂糖　150g
鮮奶油　50ml

【作法】
1 安納紅薯用鋁箔紙捲包，放入烤箱烘烤。
2 將烤紅薯去皮，過濾，放入鍋中，加砂糖熬煮直到變細滑為止。

甜煮白花豆（上排右）
甜煮金時豆（上排中）
蜜煮黑豆（上排左）
甘露煮栗（下排右）
甜煮豌豆（下排左）

作法請見P121

話題食材製作的人氣和風甜點

開發和風甜點時，絕少不了要活用新的食材。
除主要食材外，還有餡料、調味料和裝飾等，
藉由增加多樣性食材，能創作出新的人氣甜點。
以下將介紹運用話題食材所研發的美味甜點。

地瓜餅乾水果三明治

這道甜點以甜點專用麻油取代奶油，烘烤出的餅乾口感豐潤。此外，減少麵團的甜味，更能品嚐水果的美味。

善用麻油

麻油香味濃郁，通常被認為風味太鮮明，然而甜點專用麻油（竹本油脂公司產）不論色澤或香味，都很適合取代奶油。它不但熱量比奶油低，還能烤出口感豐潤、膨鬆的甜點，在麵包甜點店蔚為話題。

竹本油脂公司的甜點專用太白胡麻油

安納紅薯鬆餅

為了完成濕潤、膨鬆的鬆餅，麵糊中混入甜點專用麻油。模型中倒入麵糊再煎烤，完成時淋上楓糖漿，再撒上白芝麻即完成。

1 在平底鍋上放中空圈模，倒入麵糊。

2 當表面冒出氣泡時，拿掉模型，上面翻面續煎。

炸韮菜餅

韮菜餅雖然不像和菓子，不過在加入韮菜的麵團中包入紅豆餡，就呈現出甜點的感覺。麵糊中的綠色韮菜，成為這道甜點的重點特色。

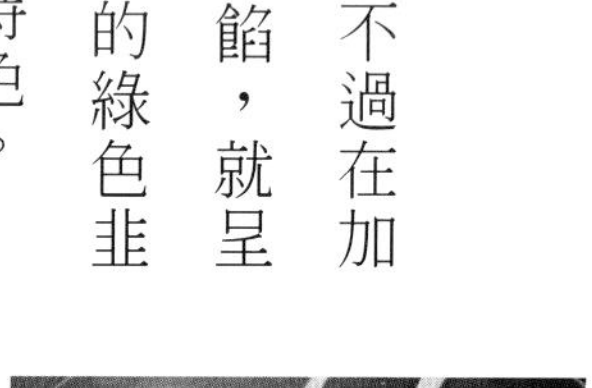

用麻油炸到呈焦黃色，以增添香味。

大學芋　裹梅子糖漿

大學芋的味道雖樸素，卻是超人氣茶點。使用麻油作為炸油，紅薯會散發淡淡的芝麻香，佐配上梅子糖漿，即完成個性美味。

炸七彩芝麻牛蒡酥

這是甜點化的蜜煮牛蒡。撒上五顏六色的芝麻，以麻油油炸而成。芝麻香味讓人意猶未盡，吃了還想再吃。

紅豆煎餃　藍莓優格

製作餃皮麵團時，加入甜點專用麻油混拌，不但能使餃子皮更滑嫩，完成的煎餃不易破裂，外觀更漂亮。餡料是包入紅豆餡和白豆餡。

餡料不需再煮熟，所以不必蒸煎，只需將兩面煎至焦脆即可。

白豆餡煎餃　藍莓醬汁

櫻花餡和柿子餡萩餅　昆布鬆捲

這是一次就能品嚐春、秋季兩種餡料的萩餅。昆布鬆的鹹味更加突顯整體的風味，使甜點更加美味。

善用餡料與餡泥

現今已開發出各式各樣的餡料和餡泥，並已商品化。除了紅豆餡外，還有櫻花、柿子、栗子等，材料五花八門，十分豐富。善用這些餡料，輕輕鬆鬆製作出富人氣的創意和菓子。

[上]Tanuma 公司的紅豆餡
[下]山真產業公司的柿子餡、乾柿泥和乾柿醬

在柿子、栗子、紫紅薯等泥中，混入奶油起司或鮮奶油，可製成口感細滑的各式布丁。用果皮盛裝布丁，就成為漂亮的和風甜點。

柿子芝麻奶油布丁

紫紅薯奶油起司布丁

卡士達醬奶油起司布丁

櫻花糕

只要使用市售的餡料和鹽漬櫻花，任何人都能輕鬆製作充滿春之氣息的櫻花糕。

艾草糕

這是在艾草糕中包入櫻花餡的甜點。若再加上已去除鹽份的櫻花，樸素的艾草糕也能變成華麗的和菓子。

安納紅薯包

這是安納紅薯泥和花豆餡混合製成的紅薯包。組合稀奇的食材，製成大眾化的和菓子，也能展現另一番趣味。比其他品種的紅薯，安納紅薯製成的薯泥口感最細綿，甜味也較濃郁。

善用安納紅薯

這是產於鹿兒島縣種子島的紅薯品種。肉質甜美如乳脂般綿細，其美味引爆超人氣。

西田農產的安納紅薯

安納紅薯瑞士捲

捲包安納紅薯泥與鮮奶油混合製成的鮮奶油的瑞士捲，具有獨特的風味，深受好評。

安納紅薯冰淇淋

這是具有紅薯風味又有和風感的冰淇淋。盛裝在杯子裡，作為店內名產也很受歡迎。

安納紅薯香蕉薄餅 佐藍莓優格醬汁

麵糊中加入安納紅薯泥，煎成薄餅後再捲包香蕉。這道和風薄餅的特色是具有濕潤的口感與風味。

善用洋菜

洋菜被譽為植物纖維之王，能有效預防代謝症候群和成人病，是備受歡迎的健康食材。其魅力如前文所述，能夠活用製作各式甜點。

伊那食品工業公司的洋菜

青梅洋菜凍

甘露煮青梅是夏季的人氣甜點。以洋菜凝結後，成為清涼、健康的點心。盛裝在鋪滿碎冰的盤子裡再上桌。

蔬菜凍巧克力鍋

這道甜點如同起司鍋一般，是以各色蔬菜製作的洋菜凍，沾取巧克力醬汁食用。

善用甜麵

使用混入水果、蔬菜泥製成的麵條，製作有益健康又具個性的和風甜點，深得顧客的喜愛。

和風甜麵

這是使用哈蜜瓜、芒果、草莓和安納紅薯4種食材製作的麵條。外觀如日本的蕎麥麵，佐配黑糖蜜一起上桌。

將麵掛在玻璃容器中，上桌時展現清涼感也饒富趣味。

頂尖主廚 法式甜點代表作

21×29 公分 112 頁
定價 400 元 彩色

１０家日本人氣蛋糕專賣店
１０位頂尖主廚獨家公開
５０種人氣ＮＯ．１招牌法式甜點
唯美的外型＋精緻的美味，征服你的視覺與味蕾！

本書集結十位日本甜點界的蛋糕達人，並且專訪這些手藝高超的主廚，暢談他們的開店理念、創作點子。並且選出他們最具代表性的招牌商品，公開其製作秘方，讓你也能做出媲美名店職人的美味法式甜點！

所介紹的全部甜點皆有彩色作法流程、完成品斷面圖，並且清楚標示使用材料與份量，就連使用的甜醬調製法以及擺放在糕點上面的美麗裝飾都不私藏的全公布，讓讀者能快速完整的掌握製作方法。

大師手感の麵包

21×26 公分 92 頁 定價 280 元 彩色

本書由日本麵包大師西川功晃所作，介紹的是在家就能烘焙的麵包。閱讀書中的詳細作法說明後，連新手也能輕鬆完成。從基本經典的三種麵團：軟布里歐＋全麥麵包＋米粉麵包製作出變化無窮的麵包，例如菠蘿麵包、奶油麵包、吐司到田園麵包等，請循序漸進製作，不用擔心無法成功，西川大師的麵包特色是，即使有點小誤差，也能順利完成唷！

法式原味 王道甜點

21×28 公分 104 頁 定價 450 元 彩色

法國至今仍熱賣著各種王道甜點，這些源自於遠久的年代，通過歷史的淬鍊而留下的甜點，擁有悠遠美好的精神，更可說是亙古的技術寶庫。雖然不誇張豪華，但是不需多加工的平凡美味，以及不需多做改變的終極設計，卻擁有凌駕人心的存在感，製作時每每都能深受震懾。

新態度の法式甜點

21×28 公分 104 頁 定價 450 元 彩色

作者希望自己也能擺脫食譜的束縛，跳脫僵化的邏輯思考，從選擇適合的食材開始，製作出具有自我風格，展現獨一無二風味與內涵的甜點。作者還期盼能跨越點心和料理的藩籬，擷取甜點和料理師傅兩者的優點，開創屬於自己的甜點世界。

新味

和風餐後甜點料理的作法

彩圖第9～95頁的解說

蔬果為主角的炫麗和風甜點

胡蘿蔔綠花椰菜慕斯

彩圖p.10

【材料】

胡蘿蔔慕斯
- 胡蘿蔔　200g
- 水　200ml
- 砂糖　160g
- 吉利丁粉　20g
- 鮮奶油　150ml

綠花椰菜慕斯
- 綠花椰菜　200g
- 水　200ml
- 砂糖　160g
- 吉利丁粉　20g
- 鮮奶油　150ml

發泡鮮奶油、薄荷葉　各適量

【作法】

1. 胡蘿蔔用沸水燙過後，過冷水冷卻，瀝除水分。
2. 將1的胡蘿蔔、水和砂糖混合，用果汁機攪碎。
3. 將2加熱，倒入已用100ml的水（分量外）溶解的吉利丁粉混勻，放涼。
4. 將鮮奶油攪打成七分發泡，加入3中。
5. 以步驟1～4相同作法，製作綠花椰菜慕斯。
6. 在模型中倒入胡蘿蔔慕斯、綠花椰菜慕斯，冷藏使其凝結。
7. 在脫模後的6的慕斯上，裝飾上發泡鮮奶油和薄荷葉。

烤南瓜奶油起司

彩圖p.11

【材料】

南瓜　適量
白砂糖　適量
奶油起司　適量
葡萄乾　適量
發泡鮮奶油、胡蘿蔔凍、黑糖蜜、山蘿蔔　各適量

【作法】

1. 南瓜切薄片，表面沾滿白砂糖，放入200℃的烤箱中烤熟。
2. 在中空圈模中，放入1的南瓜、奶油起司和葡萄乾，再放上1的南瓜，放入130℃的烤箱烘烤，直到奶油起司烤到融化為止。
3. 從模型中取出，盛入容器中。裝飾上發泡鮮奶油、葡萄乾和胡蘿蔔凍，再佐配上南瓜、黑糖蜜和山蘿蔔。

番茄果凍

彩圖p.12

【材料】

番茄糊　100ml
番茄汁　200ml
蜂蜜　3大匙
吉利丁片　10g
楊桃　1個
糖漿
- 水　50ml
- 砂糖　1大匙

【作法】

1. 將番茄糊、番茄汁和蜂蜜混合加熱，加入已泡水回軟的吉利丁片，使其溶解。
2. 楊桃切薄片，用糖漿熬煮。
3. 在小缽大小的容器中鋪上保鮮膜，倒入放涼的1，用保鮮膜包裹擰緊，冷藏使其凝結。
4. 去除保鮮膜，刺上2的楊桃片作為番茄蒂，盛放在冰塊上。

蜜煮包心菜白蘿蔔泥

彩圖p.13

【材料】

包心菜　2片
白蘿蔔　10cm
糖漿
- 水　200ml
- 砂糖　50g

柑橘香甜酒（orange curacao）　30ml
吉利丁粉　5g
蜜煮蔬菜（蠶豆、彩色甜椒、胡蘿蔔）　各適量
黑糖蜜、山蘿蔔　適量

【作法】

1. 包心菜和白蘿蔔切成適當大小，用沸水燙過，過冷水取出，浸泡糖漿中一天備用。
2. 將1的白蘿蔔粗磨或搗碎。
3. 將1的糖漿加熱，倒入已用50ml的水（分量外）溶解的吉利丁粉混勻，放涼，將2的白蘿蔔和1的包心菜疊好，倒上糖漿，冷藏使其凝結。
4. 在容器中淋上黑糖蜜，盛入3，放上蜜煮蔬菜，裝飾上山蘿蔔。

蜜漬迷你番茄

彩圖p.14

【材料】12個份

迷你番茄　12個

糖漿

　水　250ml

　白葡萄酒　250ml

　白砂糖　60g

　檸檬汁　1小匙

酸漿皮　12個

【作法】

1 迷你番茄用熱水燙過去皮。

2 將糖漿的材料混合煮沸，放涼備用。

3 將1的番茄放入糖漿浸漬一天備用。

4 在酸漿皮上放上瀝除浸漬液的3。

優格佐水果番茄

彩圖p.15

【材料】5個份

水果番茄　5個

水　250ml

白葡萄酒　250ml

白砂糖　60g

檸檬汁　1小匙

優格　300g

蜂蜜　5大匙

山蘿蔔　適量

【作法】

1 水果番茄用熱水燙過去皮。

2 將糖漿的材料混合煮沸，放涼備用。

3 將1的番茄放入糖漿浸漬一天備用。

4 將3盛入容器中，放入混合蜂蜜的優格，裝飾上山蘿蔔。

白酒煮番茄　佐蔬果凍

彩圖p.15

【材料】10個份

水果番茄　10個份（※即小番茄）

白葡萄酒　500ml

水　200ml

砂糖　200g

吉利丁粉　10g

發泡鮮奶油、菠菜凍、草莓糖漿凍　各適量

【作法】

1 水果番茄用熱水燙過去皮。

2 將白葡萄酒、水和砂糖混合加熱，放入1的番茄，煮到未軟爛的程度，熄火，直接泡在煮汁中放涼。

3 用100ml的水（分量外）溶解吉利丁粉備用。

4 將2的煮汁250ml放入另一個鍋中加熱，倒入3的吉利丁液混勻，冷藏使其凝結。

5 在容器中盛入2的番茄，再擠上盛裝在擠花袋的4的糖漿凍，裝飾上發泡鮮奶油、菠菜凍和草莓糖漿凍。

蜜煮冬瓜

彩圖p.16

【材料】

冬瓜　120g

糖漿

　水　200ml

　砂糖　4大匙

番茄羹、酪梨醬　各適量

【作法】

1 冬瓜剔除種子和瓜囊，用湯匙刮去外皮，切片。

2 混合水和砂糖煮沸，製成糖漿。

3 將1的冬瓜放入糖漿中醃漬一天備用。

4 盛入在容器中，放上切丁的番茄羹，佐配上酪梨醬。

【重點筆記】

・番茄羹是用番茄泥和洋菜製成。酪梨醬是將酪梨碾成泥，加砂糖和檸檬汁調味而成。

蜜煮冬瓜　酒釀慕斯

彩圖p.17

【材料】

蜜煮冬瓜（→請參照「蜜煮冬瓜」）　適量

酒釀慕斯

　酒釀　50g

　水　300ml

　白砂糖　100g

　吉利丁片　2片

　鮮奶油　100ml

發泡鮮奶油、蜜煮金時豆、金箔　各適量

【作法】

1 酒釀過濾後，加水充分混勻，再一次過篩。

2 在1中加入白砂糖加熱，放入已泡水回軟的吉利丁片煮融。

3 鮮奶油打至七分發泡，倒入已放涼的2中混勻，倒入活動式槽狀模中，冷藏使其凝結。

4 將3分切後盛入容器中，上面放上蜜煮冬瓜，裝飾上發泡鮮奶油、蜜煮金時豆和金箔。

蜜煮冬瓜 佐黑櫻桃酒凍

彩圖p.17

【材料】

冬瓜 100g

糖漿

水 360ml

砂糖 200g

黑櫻桃酒凍

水 450ml

砂糖 90g

吉利丁片 10g

黑櫻桃酒 30ml

檸檬汁 1個份

杏桃乾、草莓乾 各適量

檸檬皮、細香蔥 各適量

【作法】

1 冬瓜剔除種子和瓜囊，薄薄去皮，用沸水燙過。

2 將水和砂糖煮沸製成糖漿，放入1的冬瓜煮一下，直接放在煮汁中浸泡入味。

3 製作黑櫻桃酒凍。將水和砂糖混合加熱，放入已泡水回軟的吉利丁片煮融。放涼，加入黑櫻桃酒和檸檬汁，冷藏使其凝結。

4 將2的冬瓜盛入容器中，放入3的酒凍，疊上切細的杏桃乾和草莓乾，裝飾上檸檬皮和細香蔥。

紅薯布丁

彩圖p.18

【材料】

紅薯 1條（淨重120g）

鮮奶 360ml

砂糖 70g

蛋 3個

香草精 少量

發泡鮮奶油、蜜煮紅薯、山蘿蔔 各適量

【作法】

1 用鋁箔紙包住紅薯，放入烤箱中烤熟，去皮過濾。

2 在鮮奶中加入砂糖，稍微加熱，讓砂糖溶化。

3 蛋打散，分數次加入2中，充分混勻。加入香草精增添香味後，用布過濾。

4 在1中慢慢加入3，充分混勻。

5 倒入容器中，蓋上保鮮膜，放入蒸鍋中用小火炊蒸，蒸好後放涼。

6 放上發泡鮮奶油和蜜煮紅薯，裝飾上山蘿蔔。

苦瓜布丁

彩圖p.18

【材料】

苦瓜 適量

布丁

鮮奶 360ml

砂糖 70g

蛋 3個

香草精 少量

糖漿凍

吉利丁粉 3g

水 100ml

砂糖 30g

酪梨 適量

草莓果醬 2大匙

山蘿蔔 少量

【作法】

1 苦瓜剔除種子和瓜囊，切成裝飾用薄片和碎末，加鹽揉搓後，迅速用沸水燙過，泡涼水。

2 製作布丁。將鮮奶和砂糖混合，稍微加熱，慢慢倒入打散的蛋汁中，用布過濾。

3 在2中加入1的苦瓜，倒入容器中，放入150℃的烤箱中約蒸烤40分鐘。

4 製作糖漿凍。吉利丁粉加水溶解，加入砂糖，隔水加熱讓吉利丁溶化，連盆放入冰水中讓它冷卻凝結。

5 在3的上面放上切片酪梨，用瓦斯噴槍將表面烤出焦色，淋上糖漿凍，再裝飾上草莓果醬和山蘿蔔。

蓮藕慕斯

彩圖p.19

【材料】

蓮藕 100g

水 200ml

砂糖 150g

吉利丁粉 20g

鮮奶油 150ml

哈蜜瓜、櫻桃、蜜煮彩色甜椒　各適量

【作法】

1 蓮藕去皮，用醋水燙過，過冷水，冰涼。
2 混合1的蓮藕、水和砂糖，用果汁機攪打變細滑。
3 將2加熱，倒入已用100ml的水（分量外）溶解的吉利丁粉混勻，放涼。
4 鮮奶油打至七分發泡，加入3中混合，倒入玻璃容器中，冷藏使其凝結。
5 裝飾上哈蜜瓜、櫻桃和切花的蜜煮彩色甜椒。

蜜煮白蘿蔔　淋覆糖漿

彩圖p.19

【材料】4個份

白蘿蔔（切3cm圓片）　4個

糖漿

　水　500ml

　砂糖　150g

白蘭地酒　50ml

蜜煮豌豆　16粒

【作法】

1 白蘿蔔用大量的水煮過，使其變軟。
2 將水和砂糖混合煮沸，製成糖漿，放入1的白蘿蔔浸漬一天備用。
3 在平底鍋中薄塗一層油，香煎2的白蘿蔔，淋上白蘭地酒，以酒燒法烹調。
4 盛入容器中，淋上2的糖漿，裝飾上甜煮豌豆。

玉米慕斯

彩圖p.20

【材料】

玉米（粒）　200g

水　200ml

砂糖　150g

吉利丁粉　20g

鮮奶油　150ml

卡士達醬、玉米筍、白桃、玉米（粒），蜜煮迷你番茄、山蘿蔔　各適量

【作法】

1 準備玉米粒，用沸水燙過，過冷水。
2 將1的玉米粒和水、砂糖混合，用果汁機攪打變細滑，過濾。
3 將2加熱，倒入已用100ml的水（分量外）溶解的吉利丁粉混勻，放涼。
4 鮮奶油攪打至七分發泡，加入3中，倒入玻璃容器中冷藏使其凝結。
5 疊上卡士達醬，裝飾上玉米筍、白桃、玉米粒、蜜煮迷你番茄和山蘿蔔。

毛豆玉米慕斯

彩圖p.21

【材料】

毛豆慕斯

　毛豆（粒）　100g

　水　200g

　砂糖　160g

　吉利丁粉　20g

　鮮奶油　150ml

玉米慕斯

　玉米（粒）　100g

　水　200ml

　砂糖　150g

　吉利丁粉　20g

　鮮奶油　150ml

楊桃、櫻桃、山蘿蔔　各適量

【作法】

1 製作毛豆慕斯。毛豆用沸水燙過備用，混合水和砂糖用果汁機攪打變細滑，過濾。
2 將1加熱，倒入已用100ml的水（分量外）溶解的吉利丁粉混勻，放涼，加入打至七分發泡的鮮奶油。
3 將2倒入淺盤中，冷藏使其凝結。
4 以步驟1～2相同的作法，製作玉米慕斯。
5 用小模型切割3，放入模型中，再倒入4，冷藏使其凝結。
6 從模型中取出，盛入容器中，裝飾上楊桃、櫻桃和山蘿蔔。

玉米布丁

彩圖p.21

【材料】

玉米糊　180g

鮮奶　250ml

鮮奶油　100ml

白砂糖　40g

吉利丁粉　20g

玉米粒、山蘿蔔　各適量

【作法】

1 將玉米糊、鮮奶、鮮奶油和白砂糖混合，加熱，倒入已用100ml水（分量外）溶解的吉利丁粉混勻。

2 在模型中倒入1，冷藏使其凝結。

3 脫模後盛入容器中，裝飾上玉米粒和山蘿蔔。

蠶豆紅豆湯圓

彩圖p.22

【材料】15個份

蠶豆　15個

糖漿

水　800ml

砂糖　200g

紅豆湯圓

糯米粉　100g

水　140ml

紅豆餡　50g

吉利丁粉　25g

水　100ml

柚子皮　少量

【作法】

1 蠶豆用熱水燙過去薄皮，淋上用水和砂糖混合煮沸的糖漿，靜置一天。

2 在大碗中放入糯米粉和水揉成團，分成15等份，裡面放入紅豆餡，揉圓，放入沸水中煮熟取出。將1的蠶豆剖開，將湯圓夾入其中。

3 在1的糖漿中加入柚子皮，加熱，倒入用水溶解的吉利丁粉混勻。

4 在容器中放入2，倒入放涼的3的果凍液，冷藏使其凝結。最後裝飾上柚子皮。

栗子紅薯日本酒凍

彩圖p.23

【材料】

紅薯　120g

梔子仁　適量

糖漿（水：細砂糖＝180ml：60g）

甘露煮澀皮栗　6個

日本酒凍

日本酒　100ml

水　200ml

白砂糖　40g

吉利丁片　5g

炸紅薯、薄荷葉、雙色洋菜凍、紅豌豆　各適量

【作法】

1 紅薯去皮，放入水中漂洗，再放入加了梔子仁的熱水中煮，讓它染色。再用180ml的水和60g細砂糖的比例煮成的糖漿煮過，過濾。

2 甘露煮澀皮栗切薄片備用。

3 日本酒煮沸，讓酒精揮發，加水和白砂糖，加入泡水回軟的吉利丁片混合使其溶解。

4 在中空圈模中，輪流放入1的紅薯泥和2的栗子，倒入放涼的3，冷藏使其凝結。

5 脫模後盛入容器中，放上炸紅薯皮和薄荷葉。再裝飾上炸紅薯、雙色洋菜凍和紅豌豆。

沙丘山藥佐抹茶粉

彩圖p.23

【材料】

沙丘山藥　1.5cm×2個

沙拉油　適量

抹茶　適量

黑糖蜜　適量

發泡鮮奶油、梅粒凍　各適量

雙色洋菜凍、蜜煮黑豆　各適量

【作法】

1 沙丘山藥的表皮用火直接燒烤，讓鬚根燃燒，烤到稍微散發香味。

2 將1切成約2cm的長，在平底鍋中倒入沙拉油加熱，放入1整體煎一下。

3 在2的上下沾上抹茶粉，盛入淋上黑糖蜜的容器中，放上發泡鮮奶油和梅粒凍。最後裝飾上雙色洋菜凍和蜜煮黑豆。

七彩蔬菜凍

彩圖p.24

【材料】

胡蘿蔔、綠蘆筍、玉米筍、白花菜、蠶豆、番茄、彩色甜椒、香菇等　各適量

糖漿

水　700ml

白葡萄酒　500ml

砂糖　250g

檸檬汁　1/4個份

吉利丁粉　60g

水　300ml
胡蘿蔔凍、毛豆凍、南瓜凍、檸檬、柳橙醬汁　各適量

【作法】

1　蔬菜分別用水氽燙過。
2　將糖漿的材料混合煮沸，放涼備用。
3　將1的蔬菜用糖漿醃漬，靜置一天備用。
4　從糖漿中取出蔬菜，切小塊放入模型中。
5　將3的糖漿加熱，倒入已用300ml的水（分量外）溶解的吉利丁粉混勻，放涼，倒入4中，冷藏使其凝結。
6　脫模後盛入容器中，放上切成長條的胡蘿蔔凍、毛豆凍、南瓜凍，放上檸檬片，旁邊淋上柳橙醬汁。

【重點筆記】

・柳橙醬汁的作法：將100ml的柳橙汁煮沸，20g白砂糖和2g果膠混合好加入其中，變濃稠後放涼，加入15ml的君度酒增加風味即完成。

蠶豆凍

彩圖p.25

【材料】

蠶豆　40個
糖漿
水　1000ml
砂糖　250g
吉利丁粉　25g
胡蘿蔔凍、毛豆凍、糖漿凍　各適量
發泡鮮奶油、彩色巧克力米、山蘿蔔　各適量

【作法】

1　蠶豆用沸水燙過去薄皮，放入糖漿中醃漬一天。
2　從糖漿中撈出蠶豆，放入模型中。
3　將1的糖漿煮沸，倒入已用100ml的水（分量外）溶解的吉利丁粉混勻，放涼，倒入2中，冷藏使其凝結。
4　脫模後盛入容器中，周圍散放切丁的胡蘿蔔凍和毛豆凍，擠上糖漿凍。上面再裝飾上發泡鮮奶油、彩色巧克力米和山蘿蔔。

三色蔬菜凍

彩圖p.25

【材料】

胡蘿蔔　100g
番茄　100g
茄子　100g
糖漿
水　500ml×3
砂糖　150g×3
檸檬汁　1大匙×3
吉利丁粉　20g×3
水　100ml×3
柳橙醬汁、薄荷葉　各適量
胡蘿蔔凍、毛豆凍、南瓜凍、酪梨醬、彩色巧克力米各適量

【作法】

1　胡蘿蔔去皮，以沸水氽燙，番茄用熱水燙過去皮，茄子烤過去皮。分別放入糖漿中醃漬一天。
2　將1分別連糖漿一起放入食物處理中攪打，開火加熱，倒入已用水溶解的吉利丁粉混勻，放涼。
3　在模型中一層層倒入3種蔬菜凍液，冷藏使其凝結成3層。
4　脫模後，盛入淋上柳橙醬汁的容器中，放上薄荷葉。裝飾上切丁的胡蘿蔔凍、毛豆凍和南瓜凍，放上酪梨醬汁和彩色巧克力米。

水果製作的美味和風甜點

什錦水果盅

彩圖p.27

【材料】

小玉西瓜　1個
巨峰葡萄、哈蜜瓜、葡萄柚、櫻桃、香蕉　各適量
糖漿凍
吉利丁粉　3g
水　100ml
砂糖　30g

【作法】

1　小玉西瓜切去頂端，形成容器，挖空中央。
2　除了櫻桃以外，其餘水果分別去皮，切成一口大小。
3　吉利丁粉用水溶解，加砂糖，隔水加熱使其溶解，冷藏使其凝結。
4　在小玉西瓜的容器中盛入水果，再擠入3的糖漿凍。

杏桃乾凍

彩圖p.28

【材料】5個份

杏桃乾　5個

糖漿

水　400ml

白砂糖　80g

吉利丁粉　20g

柑橘香甜酒　20ml

【作法】

1 水和白砂糖混合煮沸製成糖漿，放入杏桃乾浸泡讓它回軟。

2 將1的糖漿加熱，倒入已用100ml的水（分量外）溶解的吉利丁粉混勻，放涼，再混合柑橘香甜酒。

3 在模型中放入1個已泡軟的杏桃，倒入2，冷藏使其凝結。

4 脫模後，盛入容器中。

洋梨凍　佐芒果優格

彩圖p.28

【材料】

洋梨　1個

果凍液

水　600ml

砂糖　120g

白色柑橘香甜酒（white curacao）　10ml

吉利丁粉　20g

芒果優格

芒果泥　50g

原味優格　180g

發泡鮮奶油、薄荷葉　各適量

胡蘿蔔凍、毛豆凍、南瓜凍　各適量

【作法】

1 將水和砂糖混合加熱，倒入已用100ml的水（分量外）溶解的吉利丁粉混勻，放涼，再混入白色柑橘香甜酒。

2 洋梨去皮，切成一口大小，排入半圓桶狀模型中，倒入1，冷藏使其凝結。

3 混合芒果泥和優格，製成芒果優格。

4 將2從模型中取出，切成厚約2cm的程度，盛入容器中，擠上發泡鮮奶油，放上薄荷葉。旁邊放上芒果優格，裝飾上彩色蔬菜凍。

日向夏蜜柑凍

彩圖p.29

【材料】

日向夏蜜柑　1個

果凍液

水　600ml

砂糖　120g

吉利丁粉　20g

柑橘香甜酒　10ml

發泡鮮奶油、薄荷葉、覆盆子醬汁　各適量

【作法】

1 日向夏蜜柑去皮，取出果肉，切成一口大小。

2 將水和砂糖混合加熱，倒入已用100ml的水（分量外）溶解的吉利丁粉混勻，放涼，再混入柑橘香甜酒。

3 在模型中放入1的日向夏蜜柑，倒入2，冷藏使其凝結。

4 脫模後盛入容器中，上面擠上發泡鮮奶油，裝飾上日向夏蜜柑和薄荷葉。在盤邊淋上覆盆子醬汁。

【重點筆記】

・覆盆子醬汁的作法：將覆盆子醬100g、砂糖50g和熱水100ml混合，加入用2倍量的水溶解的1小匙玉米粉，開火加熱使醬汁變濃稠，放涼，加入少量香草精即完成。

橘子芒果凍

彩圖p.30

【材料】

橘子凍

橘子（罐頭）　100g

糖漿（罐頭）　150ml

水　350ml

砂糖　100g

吉利丁粉　20g

檸檬汁　1/2個分

柑橘香甜酒　10ml

芒果凍

芒果（果肉）　100g

水　500ml

砂糖　200g

吉利丁粉　20g

發泡鮮奶油、櫻桃、山蘿蔔　各適量

【作法】

1 製作橘子凍。將水和砂糖混合加熱，倒入已用100ml水（分量外）溶解的吉利丁粉混勻，放涼。罐頭橘子和糖漿混合，用果汁機攪打，加入檸檬汁和柑橘香甜酒，混入果凍液中。

2 製作芒果凍。將水500ml和砂糖混合加熱，倒入已用100ml的水（分量外）溶解的吉利丁粉混勻，放涼。用食物調理機將芒果果肉攪打成泥狀，混入果凍液中。

3 在玻璃容器中，倒入芒果凍，冷藏使其凝結，接著倒入橘子凍，再冷藏使其凝結。

4 擠上發泡鮮奶油，裝飾上櫻桃和山蘿蔔。

【重點筆記】

・P．30彩頁中，是哈蜜瓜糖漿凍、芒果凍和橘子凍三層重疊。

草莓芒果凍

彩圖p．30

【材料】

芒果凍
芒果（果肉） 100g
水 500ml
砂糖 200g
吉利丁粉 20g

草莓凍
草莓 100g
水 500ml
砂糖 200g
吉利丁粉 20g

煉乳、發泡鮮奶油、蜜煮黑豆、芒果 各適量

【作法】

1 製作芒果凍。將水和砂糖混合加熱，倒入已用100ml水（分量外）溶解的吉利丁粉混勻，放涼。用食物調理機將芒果攪打成泥狀，混入果凍液中。

2 製作草莓凍。將水和砂糖混合加熱，倒入已用100ml水（分量外）溶解的吉利丁粉混勻，放涼。用食物調理機將草莓攪打成泥狀，混入果凍液中。

3 在玻璃容器中倒入芒果凍，冷藏使其凝結，接著倒入草莓凍，再冷藏使其凝結。

4 上面淋上煉乳，擠上發泡鮮奶油，裝飾上蜜煮黑豆和芒果。

【重點筆記】

・P．30頁中是草莓糖漿凍、芒果凍和草莓凍三層重疊。

無花果慕斯

彩圖p．31

【材料】

無花果（去皮） 200g
水 200ml
砂糖 100g
吉利丁粉 20g
鮮奶油 150ml
發泡鮮奶油、無花果、黃金奇異果、山蘿蔔 各適量

【作法】

1 將去皮的無花果、水和砂糖混合，用果汁機攪打變細。

2 加熱1，倒入已用100ml的水（分量外）溶解的吉利丁粉混勻，放涼。

3 鮮奶油打至七分發泡，加入2中混合，倒入玻璃杯中，冷藏使其凝結。

4 最後裝飾上發泡鮮奶油、無花果、黃金奇異果和山蘿蔔。

酪梨慕斯

彩圖p．31

【材料】

酪梨（果肉） 200g
柚子汁 適量
鮮奶 200ml
砂糖 200g
吉利丁粉 20g
鮮奶油 150ml
糖漿凍、酪梨、柚子皮、薄荷葉 各適量

【作法】

1 酪梨剔除種子，淋上柚子汁定色，用食物調理機攪打成泥狀。

2 鮮奶加熱，加入砂糖讓它溶解，再倒入已用100ml的水（分量外）溶解的吉利丁粉混勻。

3 將鮮奶油打至七分發泡。

4 將1～3混合，倒入玻璃容器中，冷藏使其凝結。

5 上面擠上糖漿凍，放上切成一口大小、淋上柚子汁的酪梨，最後裝飾上柚子皮和薄荷葉。

蜜漬無花果

彩圖p．32

【材料】

無花果 6個

紅葡萄酒糖漿
紅葡萄酒　500ml
水　700ml
砂糖　250g
檸檬汁　1/2個份
金箔、水芹梗　各適量

【作法】

1 無花果去皮，用紅葡萄酒糖漿約煮10分鐘。
2 將1連同煮汁一起放入冰水中冰鎮冷卻，放入冷藏室一天以上。
3 盛入容器，撒上金箔，放上用沸水汆燙過的水芹梗。

芒果布丁

彩圖p.32

【材料】

芒果（完熟）　1/2個
洋菜　1/4條
水　100ml＋100ml
砂糖　100g
吉利丁粉　2.5g
發泡鮮奶油、蜜煮黑豆、山蘿蔔、草莓糖漿凍　各適量

【作法】

1 將洋菜撕碎，放入100ml的水中浸泡約1小時。以中火加熱，一面攪拌，一面讓它煮到完全溶化，加入砂糖混勻。
2 在100ml水中加入吉利丁粉，隔水加熱讓它溶解。
3 1的洋菜液和2的吉利丁液加熱時，需充分混合。
4 芒果去皮，切薄片，和3一起放入食物處理機中攪打變細滑。
5 將4倒入容器中，冷藏使其凝結。
6 最後，裝飾上發泡鮮奶油、蜜煮黑豆、山蘿蔔和草莓糖漿凍。

水果塔

彩圖p.33

【材料】

水果（柳橙、白桃、黃金奇異果、鳳梨）　各適量
塔的麵團
無鹽奶油　50g
砂糖　50g
蛋　1/2個
香草油　少量
低筋麵粉　140g
卡士達醬
蛋黃　2個
鮮奶　200ml
低筋麵粉　15g
香草精　少量
覆盆子、山蘿蔔　各適量

【作法】

1 製作塔。將無鹽奶油放在室溫中回軟，加入砂糖充分混合成泛白的乳脂狀。
2 在1中加入蛋和香草油混合，再加入低筋麵粉輕輕揉捏，揉成一團後用保鮮膜包好，醒麵30分鐘以上。
3 一面撒上防沾麵粉，一面將2擀開，鋪入塔模中，放入180℃的烤箱中烘烤，直到上色為止。
4 製作卡士達醬。在攪拌盆中放入蛋黃、鮮奶和低筋麵粉混合，過濾。將它放入鍋中，一面加熱，一面攪拌混合以免焦鍋，煮到變黏稠後加入香草精，讓它充分變涼。
5 將水果切成好食用的片狀。
6 在3的塔上擠上卡士達醬，放上水果，再裝飾上覆盆子和山蘿蔔。

檸檬凍

彩圖p.33

【材料】

檸檬汁　150ml
檸檬（果肉）　1/2個
水　350ml
砂糖　100g
吉利丁粉　20g
白色柑橘香甜酒　10ml
發泡鮮奶油、藍莓醬汁、草莓糖漿凍、檸檬、山蘿蔔各適量

【作法】

1 將水和砂糖混合加熱，倒入已用100ml的水（分量外）溶解的吉利丁粉混勻。
2 放涼後，加入檸檬汁、檸檬果肉和白色柑橘香甜酒，倒入玻璃容器中，冷藏使其凝結。
3 放上發泡鮮奶油和藍莓醬汁，裝飾上草莓糖漿凍、切片檸檬和山蘿蔔。

創新組合的新感覺和風甜點

水果壽司

彩圖p.35

【材料】
五穀米　2杯
調味醋
　水果醋　40ml
　砂糖　30g
　塩　6g
包心菜　適量
糖漿　適量
白蘿蔔、胡蘿蔔、胡瓜、牛蒡、鳳梨　各適量

【作法】
1　用普通適量的水炊蒸五穀米。
2　將調味醋的材料混合加熱，溶化砂糖和鹽，混入蒸好的五穀米中，製成壽司飯。
3　將包心菜一片片用沸水燙過，浸漬在糖漿中。
4　將置於中心的蔬菜切成條狀，除了胡瓜之外，全部用沸水汆燙過，浸漬在糖漿中。鳳梨切成條狀。
5　在捲簾上攤平放上瀝除水氣的包心菜，鋪上2的壽司飯，再集中放上瀝除水氣的4，以此作為軸心捲包起來。
6　切成好食用的厚度，盛入容器中。

木瓜包心菜凍

彩圖p.36

【材料】
木瓜　1個
檸檬汁　1大匙
包心菜　2枚
糖漿
　水　200ml
　砂糖　50g
吉利丁粉　5g
藍莓果醬、蜜煮花豆、糖粉、山蘿蔔　各適量

【作法】
1　包心菜放入沸水中汆燙，過冷水取出，瀝除水氣，浸入糖漿中，靜置一天備用。
2　木瓜去皮，切月牙片，淋上檸檬汁備用。
3　用50ml水（分量外）溶解吉利丁粉，隔水加熱至使其融合。
4　在1的糖漿中，加入3的吉利丁液混合。在容器中重疊放入包心菜、木瓜和包心菜，倒入吉利丁液，冷藏使其凝結。
5　在容器中盛入分切好的4，放上藍莓果醬、蜜煮花豆，撒上糖粉，最後裝飾上山蘿蔔。

白桃包心菜捲

彩圖p.37

【材料】
白桃　1個
包心菜　1～2片
糖漿
　水　200ml
　砂糖　50g
卡士達醬　適量
食用酸漿　適量

【作法】
1　包心菜一片片放入沸水中汆燙，過冷水取出，瀝除水氣，浸入糖漿中，靜置一天備用。
2　白桃去皮，切月牙片，浸入糖漿中。
3　用瀝除水氣的包心菜捲包白桃，切成一口大小。佐配上卡士達醬、食用酸漿，再裝飾上切花的白桃皮。

鑲番茄　佐酪梨鮮奶油

彩圖p.38

【材料】
酪梨鮮奶油
　酪梨　1/2個
　鮮奶　400ml
　砂糖　50g
　卵黃　1個
　玉米粉　40g
糖漿煮番茄　1個
卡士達醬、紅豆餡　各適量
酪梨、薄荷葉　各適量

【作法】
1　酪梨剔除種子和外皮，和鮮奶、砂糖一起用果汁機攪碎。
2　將1和蛋黃充分混合後，慢慢加入玉米粉混合，用網篩過濾。
3　將2用小火加熱，攪拌混合直到變泥狀為止，放涼。
4　將糖漿煮番茄的中間挖空，放入紅豆餡，倒入適量的3，淋上卡士達醬。放上淋了檸檬汁的酪梨，再

裝飾上薄荷葉。

【重點筆記】

・糖漿煮番茄煮到番茄尚未碎爛即可。

香蕉蓮藕慕斯

彩圖p.38

【材料】

香蕉（果肉） 150g
新藕 50g
水 200ml
砂糖 180g
吉利丁粉 20g
鮮奶油 150g
哈蜜瓜、酪梨醬、蜜煮蠶豆、藍莓醬汁 各適量

【作法】

1 用食物調理機將香蕉和新藕攪碎。
2 水和砂糖混合煮沸，倒入已用100ml水（分量外）溶解的吉利丁粉混勻，放涼。
3 在1中加入2充分混勻，再加入打成七分發泡的鮮奶油混合，倒入模型後，冷藏使其凝結。
4 脫模後盛入容器中，放上切片哈蜜瓜，淋上酪梨醬，裝飾上蜜煮蠶豆，盤邊佐配藍莓醬汁。

五色水果海帶芽捲

彩圖p.39

【材料】

海帶芽 適量
糖漿
水 500ml
砂糖 100g
水果（西瓜、鳳梨、梨、哈蜜瓜、紅薯） 各適量
柳橙醬汁 適量

【作法】

1 海帶芽用熱水迅速燙過，讓它產生色澤，過冷水取出。
2 水和砂糖混合加熱，製成糖漿，放涼後，放入海帶芽浸泡一天。
3 水果分別去皮，切成細條狀。
4 將瀝除多餘水分的2的海帶芽攤開，放上各式水果捲包起來，再切成寬約2cm的厚度。
5 在容器中放入五彩海帶捲，佐配上柳橙醬汁。

水果披薩

彩圖p.40

【材料】

披薩麵團
高筋麵粉 400g
乾酵母 8g
砂糖 5g
鹽 2g
奶油 20g
溫水 230ml
白豆餡 200g
水果（哈蜜瓜、櫻桃、葡萄柚、酪梨、香蕉） 各適量
卡士達醬 適量

【作法】

1 將高筋麵粉和乾酵母混合一起過篩。
2 將砂糖、鹽、無鹽奶油和溫水混合，加入1一起攪拌混勻，蓋上保鮮膜，讓它發酵1小時。
3 將2分成4份，分別撒上防沾麵粉擀作圓形，放入200℃的烤箱中烘烤3分鐘。
4 將水果分別切成小丁。
5 等3涼了之後，塗上白豆餡，放上水果，再擠上卡士達醬。

酪梨水果球梅酒凍

彩圖p.41

【材料】

酪梨 1個
檸檬汁 1大匙
黑葡萄（pioune）、西瓜、哈蜜瓜 各適量
白砂糖 適量
梅酒凍
梅酒 150ml
水 350ml
砂糖 100g
吉利丁粉 20g
發泡鮮奶油、糖漿漬海帶芽、薄荷葉、梅酒凍 各適量

【作法】

1 製作梅酒凍。將梅酒煮沸，加入水和砂糖加熱，倒入已用100ml水（分量外）溶解的吉利丁粉混勻。
2 將酪梨分成2半，剔除種子，用湯匙挖出果肉，讓裡面只剩下少許果肉。淋上檸檬汁，用蒸鍋炊蒸。
3 在2中撒入白砂糖，用瓦斯噴槍烤出焦色，盛入黑葡萄、舀成圓形的西瓜和哈蜜瓜，放涼後淋上1的果凍液，冷藏使其凝結。

4 盛入容器中，放上發泡鮮奶油，裝飾上糖漿漬海帶芽和薄荷葉。在容器中擠上梅酒凍。

【重點筆記】

・酪梨易氧化變色，淋上檸檬可防止變色。

炸水果包

彩圖p．41

【材料】

春捲皮　適量
無花果、哈蜜瓜、香蕉　各適量
太白粉　1大匙
水　2大匙
紅豆餡　適量

【作法】

1 將無花果、哈蜜瓜和香蕉分別去皮，切成一口大小。
2 將春捲皮分成4等份，放上1的水果，塗上用水溶解的太白粉，包成小包狀，放入180℃的炸油中炸至上色。
3 瀝除多餘油分，盛入容器中，佐配上紅豆餡。

水果春捲

彩圖p．42

【材料】

春捲皮　適量
香蕉、酪梨、無花果　各適量
太白粉　1大匙
水　2大匙
酪梨醬　適量
山蘿蔔　適量

【作法】

1 將香蕉、酪梨和無花果分別去皮，切成一口大小。
2 攤開春捲皮，放上1的各色水果，塗上用水溶解的太白粉，捲成長條，放入160℃的炸油中油炸。
3 瀝除多餘油份，斜切一半，盛入容器中，佐配酪梨醬，裝飾上山蘿蔔。

無花果天婦羅

彩圖p．43

【材料】

無花果　4個
麵衣
　蛋黃　1個
　水　150ml
　麵粉　200ml
卡士達醬　適量
蜜煮金時豆、紅薯、山蘿蔔　各適量

【作法】

1 將蛋黃和水混合，加入麵粉大幅度混拌，製成麵衣。
2 將無花果裹上麵衣，放入180℃的炸油中油炸。
3 瀝除多餘油份切成4半，盛入容器中，淋上卡士達醬，裝飾上蜜煮金時豆、蒸紅薯和山蘿蔔。

芝麻醬拌無花果和枇杷

彩圖p．43

【材料】

無花果　12個
枇杷　6個
白芝麻醬
　芝麻醬（白）　100g
　味醂　1大匙
　砂糖　1大匙
　鮮奶　200ml
松子　適量

【作法】

1 無花果去皮，切成月牙片。枇杷去皮、剔除種子，同樣切月牙片。
2 將芝麻醬和砂糖混合，慢慢加入味醂和鮮奶混勻。
3 用白芝麻醬調拌無花果和枇杷，盛入容器中，再裝飾上烤過的松子。

橙香白菜

彩圖p．44

【材料】

白菜　1/8個
柳橙糖漿
　水　500ml
　砂糖　150g
　柳橙汁　100ml
卡士達醬、發泡鮮奶油、柳橙、山蘿蔔　各適量

【作法】

1 白菜分切成月牙片，用熱水燙過，過冷水備用。
2 將水和砂糖加熱，讓砂糖融化，放涼後加入柳橙汁，製成糖漿，放入瀝除水氣的1的白菜浸漬一天。

3 瀝除白菜湯汁，切成一口大小，盛入容器中，淋上卡士達醬，放上發泡鮮奶油、切好的柳橙，裝飾上山蘿蔔。

黑豆菠菜磅蛋糕　佐南瓜醬汁

彩圖p.44

【材料】磅蛋糕模型　2個份

菠菜　１００g
無鹽奶油　１８０g
砂糖　１３０g
蛋　3個
檸檬汁　1大匙
低筋麵粉　１８０g
泡打粉　1小匙
蜜煮黑豆　１５０g
南瓜醬汁　適量

【作法】

1 奶油放在室溫中回軟備用。菠菜用沸水燙過，放入果汁機中攪碎。
2 將無鹽奶油和砂糖混合拌勻，一面慢慢加入打散的蛋汁，一面混合。再加入檸檬汁和1的菠菜混合。
3 將低筋麵粉和泡打粉混合一起過篩，加入2中，大幅度混拌。再加入蜜煮黑豆混合。
4 在模型中倒入3，放入１７０℃的烤箱中約烤40分鐘。
5 脫模後，切片盛入容器中，淋上南瓜醬汁，撒上蜜煮黑豆。

【重點筆記】

・南瓜醬汁的作法：１００g南瓜泥加入１００ml的鮮奶油混合調拌均勻。

更新型態的傳統和風甜點

香蕉大福

彩圖p.46

【材料】8個份

香蕉　80g
紅豆餡　２００g
求肥（gyuhi）麵團（譯註：求肥為日本傳統和菓子，類似麻糬）
　糯米粉　１５０g
　水　１８０ml
　砂糖　80g

【作法】

1 將香蕉分成8等份，用已分成8等份的紅豆餡包起來。
2 在糯米粉中，加水和砂糖充分混合，倒入鋪有保鮮膜的小碗中，放入微波爐中微波約20秒。
3 放涼後將1放到2上，連同保鮮膜包裹起來。拿掉保鮮膜，手上沾上太白粉，一面將麵團漂亮的包裹，一面讓麵團延展變平滑，最後將外表修整成圓形。

夏季蔬菜蜜豆

彩圖p.47

【材料】

玉米筍　2條
迷你番茄　3個
蠶豆　3個
胡蘿蔔　適量
紅薯　適量
迷你秋葵　2條
蜜豆罐頭　1罐
糖漿
　水　３００ml
　白砂糖　6大匙
黑糖蜜
　水　２５０ml
　冰糖　１８０g
　黑糖　80g

【作法】

1 除迷你番茄以外的蔬菜，分別用沸水迅速燙一下，過水冷卻。迷你番茄燙過去皮，過水冷卻。
2 將水和白砂糖煮沸製成糖漿，放入1的蔬菜浸泡，連鍋子一起放涼。
3 將黑糖蜜的材料混合煮沸，煮融砂糖，放涼。
4 在容器中混合盛入2的蔬菜和蜜豆罐頭，佐配黑糖蜜。

白蘿蔔年糕湯

彩圖p.48

【材料】

年糕湯
白豆餡　２００g
奶油起司　63g
馬斯卡邦起司　63g
鮮奶　５００ml
鮮奶油　70ml
白砂糖　50g
白葡萄酒　27ml
玉米粉　10g

白蘿蔔年糕
白蘿蔔泥　20g
年糕粉　30g
粉圓　適量
紅豌豆　適量

【作法】
1　將年糕湯中除玉米粉以外的材料混合，一面加熱，但不要煮開，一面混合讓它變細滑。加入用20ml的水（分量外）溶解的玉米粉，以增加濃稠度。
2　在白蘿蔔泥中加入年糕粉，充分混勻，和粉圓一起用熱水煮，煮至浮起後撈出過水冷卻。
3　在容器中盛入年糕湯，放入瀝除水氣的2的白蘿蔔年糕和粉圓，裝飾上紅豌豆。

抹茶湯圓

彩圖p.49

【材料】
白湯圓
糯米粉　80g
水　70ml
抹茶湯
抹茶　1小匙
砂糖　1大匙
熱水　1大匙
葛粉　2小匙
鮮奶　150ml

【作法】
1　在糯米粉中加水混勻，揉成一口大小的湯圓，放入熱水中煮熟浮起後，撈出過冷水，瀝除多餘水分。
2　抹茶和砂糖加熱水充分混合，加鮮奶後加熱，加入葛粉增加濃稠度。
3　在容器中放入白湯圓，倒入2的抹茶湯。

紅紫蘇雞尾酒

彩圖p.50

【材料】
紅紫蘇葉　100g
水　600ml
檸檬酸　1小匙
梅酒、糖漿或蘇打水等　適量

【作法】
1　紅紫蘇葉徹底洗淨，放入煮沸的熱水中，約煮2分鐘讓它釋出顏色。等顏色充分釋出後，加入檸檬酸。
2　用金屬網篩過濾湯汁，放涼後冰涼。
3　飲用時建議加梅酒、糖漿和蘇打水等稀釋。

日本酒凍

彩圖p.51

【材料】
日本酒　150ml
水　250ml
白砂糖　80g
吉利丁片　8g
檸檬汁　1小匙
薄荷葉　適量

【作法】
1　將日本酒、水、白砂糖和檸檬汁混合煮沸，加入已泡水回軟的吉利丁片使其溶解。
2　放涼後用網篩過濾，倒入玻璃容器中，冷藏使其凝結。
3　裝飾上薄荷葉。

酪梨刨冰

彩圖p.51

【材料】
酪梨　1/2個
檸檬汁　1大匙
糖漿
水　250ml
砂糖　150g
醋橘汁　1/2個份
刨冰　適量

【作法】
1　酪梨分切兩半，剔除種子，淋上檸檬汁。
2　將水和砂糖加熱，煮融砂糖，放涼後，加入醋橘汁，製成糖漿。
3　將1盛入容器中，上面放上刨冰，淋上2的糖漿，放上切成一口大小的酪梨。

【重點筆記】
・建議用湯匙一面舀取刨冰和酪梨肉，一面食用。

西瓜凍

彩圖p.52

【材料】

小玉西瓜　1/2個
水　150ml
砂糖　3大匙
吉利丁片　10g
檸檬汁　少量
黑芝麻　少量

【作法】

1 將小玉西瓜的果肉挖出，剔除種子，用果汁機攪碎。瓜皮當作容器使用。
2 將1和水、砂糖混合加熱，加入已泡水回軟的吉利丁片使其溶解，放涼後加入檸檬汁。
3 將2的半量倒入西瓜皮中，撒上黑芝麻，冷藏使其凝結。
4 凝固後分切成塊，盛入容器中。

黑芝麻湯圓

彩圖p．53

【材料】

黑芝麻湯
紅豆沙　200g
黑芝麻醬　30g
水　500ml
白砂糖　140g
水飴　30g
鹽　少量
黑芝麻湯圓
糯米粉　50g
水　50ml
黑芝麻醬
金箔　少量

【作法】

1 將紅豆沙和芝麻醬充分混合，加入白砂糖，以中火煮到變柔軟後，加水和水飴稀釋，煮開後加鹽調味。
2 在糯米粉中加水和芝麻醬攪拌均勻，揉成一口大小的湯圓，放入沸水中煮，等湯圓浮起後，過水。
3 在容器中放入2的湯圓，倒入1，最後裝飾上金箔。

黑糖蕨餅佐黑糖蜜

彩圖p．53

【材料】

吉野葛　50g（編註：吉野特產的葛粉）
黑糖　25g
砂糖　25g
水　150ml
黑糖蜜
　黑糖　50g
　砂糖　50g
　水　250ml
毛豆凍　適量

【作法】

1 將黑砂糖和砂糖混合，加水溶解混勻，加入吉野葛再充分混勻。用網篩過濾放入鍋中，充分攪拌後，倒入方形淺鋼盤中。
2 將黑糖蜜的所有材料混合，加熱，煮開一下後放涼。
3 將1切成一口大小，盛入容器中，淋上黑糖蜜，裝飾上用模型割取的毛豆凍。

青梅涼圓

彩圖p．54

【材料】5個份

青梅甘露煮　5個
葛粉　40g
砂糖　100g
水　280ml

【作法】

1 將葛粉、砂糖和水充分混合，用網篩過濾後放入鍋中，加熱迅速攪拌，變為透明後，離火。
2 將青梅甘露煮放在叉子上，用湯匙舀取大量1的葛粉淋在青梅上，排入淺鋼盤中，放涼。
3 盛入容器中。

紅葉栗子凍

彩圖p．55

【材料】10個份

洋菜絲　7g
水　300ml
白砂糖　50g
食用色素（紅、黃）　少量
栗子甘露煮　10個
蜜煮黑豆、山蘿蔔　各適量

【作法】

1 洋菜浸泡在大量的水（分量外）中，不要讓其浮出水面，蓋上保鮮膜放置一晚回軟。
2 在鍋裡加入300ml的水，加入擠乾水分的1的洋菜，加熱。洋菜融化後，加入白砂糖使其溶解，放涼後，用抹布過濾。將此分成2份，用紅和黃色食用色素染色。

3 在紅葉模型中放入栗子甘露煮，倒入雙色洋菜液，冷藏使其凝結。

4 脫模後，盛入容器中，裝飾上蜜煮黑豆和山蘿蔔。

青豆鬆　佐藍莓優格醬汁

彩圖p．55

【材料】

白豆餡　250g

毛豆泥　150g

紅豆餡　適量

栗子甘露煮　適量

藍莓優格醬汁　適量

【作法】

1 將白豆餡和毛豆泥混合，以竹篩過濾成鬆散狀。

2 紅豆餡揉成圓形，沾滿1的豆鬆，修整形狀。

3 盛入容器中，放上栗子甘露煮，淋上藍莓優格醬汁。

大納言蛋糕

彩圖p．56

【材料】20cm方型

蛋　3個

砂糖　100g

融化奶油液　1大匙

鮮奶　1大匙

紅豆餡　30g

低筋麵粉　80g

栗甘露煮、紅豆餡　各適量

【作法】

1 將蛋和砂糖混合，用打蛋器充分攪打發泡。

2 將融化奶油液和紅豆餡混合，加入1混合，再加鮮奶混勻。

3 在2中倒入篩過的低筋麵粉，大幅度混拌。

4 在模型中倒入3，放入170℃的烤箱中約烤20～30分鐘。

5 脫模後分切成好食用大小，盛入容器中，再放上紅豆餡和栗子甘露煮。栗子用瓦斯噴槍燒烤，烤出焦色即完成。

糖漿煮柿

彩圖p．57

【材料】4個份

柿　4個

水　700ml

白葡萄酒　500ml

白砂糖　240g

白蘭地酒　30ml

【作法】

1 柿子去蒂頭和皮，在表面切花。

2 將水、白葡萄酒、白砂糖和白蘭地酒混合，放入1的柿子，用小火熬煮，不要煮沸。

3 將2連同煮汁一起放涼，靜置一天。

4 盛入容器中，淋上煮汁。

白蘿蔔紅豆涼圓

彩圖p．57

【材料】

白蘿蔔泥　200g

糯米粉　200g

砂糖　50g

水　適量

紅豆餡　適量

竹葉　適量

【作法】

1 在白蘿蔔泥加入糯米粉和砂糖，攪拌混合成耳垂般的柔軟度。若太乾硬，可加水調整。

2 將1平均等分揉圓擀開，包入揉成圓形的紅豆餡，放入蒸鍋中約蒸10分鐘。

3 用竹葉包起，冰涼，盛入容器中。

五穀米餅　佐卡士達醬

彩圖p．58

【材料】

五穀米　30g

糯米　300g

水　300ml

砂糖　50g

鹽　少量

紅豆餡　適量

卡士達醬、蜜煮黑豆　各適量

【作法】

2 將糯米和五穀米混合放入淺鋼盤中，加水放入蒸鍋中，用大火蒸30分鐘。
3 在2中加砂糖和鹽，用研磨棒將其搗成尚有顆粒的程度。
4 趁3還熱壓成圓形，在中央放上紅豆餡包起來。
5 盛入容器中，淋上卡士達醬，放上蜜煮黑豆。

雪山

彩圖p．59

【材料】12個份

糯米粉 80g
水 80ml
砂糖 80g
水飴 20g
太白粉 適量
紅豆沙 350g
甘露煮青梅 12個
冰糕 適量

【作法】

1 在糯米粉中加水混合，揉成一團放入沸水中煮，浮起後大約再煮3分鐘。
2 將1放入料理盆中，混拌直到變細滑後，慢慢加入砂糖充分混勻。
3 倒入鍋中，加入水飴加熱，再攪拌均勻。
4 在淺鋼盆中撒上太白粉，放上3攤平，放涼。
5 等4變涼後，切成12長方形片，包入煮過的紅豆沙和甘露煮青梅。盛入容器中，再撒上冰糕粉。

毛豆煎餅

彩圖p．59

【材料】

毛豆（剔除薄皮） 70g
麵粉 200g
砂糖 5g
芝麻醬 20g
蛋白 1個
鮮奶 100ml
八丁味噌 適量

【作法】

1 毛豆用鹽水煮過，剔除豆莢和薄皮，大致切碎。
2 將砂糖和芝麻醬混合，依序加入蛋白和鮮奶混合，加入麵粉大幅度混拌。再加入1混合。
3 將2平均等分，擀成圓形，放入樹脂加工的平底鍋中，用小火將兩面慢慢煎黃。
4 盛入容器中，佐配上八丁味噌。

五色蔬菜金鍔燒

彩圖p．60

【材料】

胡蘿蔔泥 150g
紅薯泥 150g
豌豆泥 150g
白蘿蔔泥 150g
南瓜泥 150g
砂糖 50g×5
洋菜液
　粉洋菜 3g×5
　水 90ml×5
　砂糖 25g×5
麵衣
　水 300ml
　蛋白 50g
　糯米粉 25g
　低筋麵粉 200g
紅薯、南瓜、紅豌豆 各適量

【作法】

1 將胡蘿蔔、紅薯、豌豆、白蘿蔔、南瓜分別蒸軟，過濾成糊狀。
2 將洋菜粉和水、砂糖混合加熱，用木杓一面攪拌混合，一面讓洋菜徹底煮融，製成洋菜液。
3 將胡蘿蔔泥加熱，加入50g砂糖煮融，加入2的洋菜液混合。放涼後倒入活動式槽狀模中，冷藏凝結成胡蘿蔔羊羹。以相同的作法，製作紅薯、豌豆、白蘿蔔和南瓜羊羹。
4 將3的羊羹分別切成易食用的大小，混合材料製成麵衣，用130℃鐵板將兩面分別煎好。
5 在容器中，盛入5種金鍔燒，再裝飾上清炸紅薯、南瓜和紅豌豆。

根菜求肥捲

彩圖p．61

【材料】

牛蒡、胡蘿蔔、南瓜、紅薯 各適量
糖漿 適量
求肥皮（紅、白） 適量
巧克力醬汁、彩色巧克力米、山蘿蔔 各適量

【作法】
1 蔬菜分別去皮，切長條，用水氽燙過。
2 用糖漿分別煮1的蔬菜，浸漬一天讓它入味。
3 配合求肥皮的寬度切齊蔬菜，用求肥皮捲包起來。
4 盛入容器中，淋上巧克力醬汁，裝飾上彩色巧克力米和山蘿蔔。

心情躍動！精彩甜點秀

客前冰淇淋

彩圖p．64

【材料】50人份
冰淇淋醬汁
蛋黃 20個
白砂糖 200g
蜂蜜 150g
煉乳（管狀包裝） 1～2條
鮮奶 1200ml
鮮奶油 1200ml
抹茶（用熱水溶解） 180～200ml

【作法】
1 將蛋黃和白砂糖混合，用打蛋器充分混勻，混勻後加蜂蜜、煉乳，再充分混合。
2 在鍋裡放入鮮奶、鮮奶油和用熱水溶解的抹茶加熱，加入1以不煮沸的小火熬煮，一面煮，一面不停攪拌，煮到變黏稠後，離火，放涼，再冰涼。
3 準備易導熱的容器和液態氮，將人數份的2一起送至顧客面前。在容器中倒入2，再倒入液態氮，用湯匙迅速攪拌混合。
4 液體冰淇淋會慢慢的凝固，等凝結成冰淇淋狀後，盛入容器中。

【重點筆記】
・除了抹茶外，也可用香草、草莓、香蕉、黑豆、黑芝麻、安納紅薯等材料，多費點工夫，就能製作豐富多樣的口味。
・也可用香川縣的米果、彩色巧克力米、乾果類和水果等來裝飾。

海之螢

彩圖p．65

【材料】
水果（哈蜜瓜、芒果、香蕉、櫻桃、巨峰葡萄、葡萄柚、酪梨、迷你番茄等） 各適量
葛餅、蕨餅、櫻花餅 各適量
菊花（黃、紫） 適量
糖漿
水 600ml
砂糖 150g
調水太白粉汁 適量

【作法】
1 用湯匙挖取哈蜜瓜、芒果、香蕉、葡萄柚、酪梨等，讓果肉呈圓球狀。巨峰葡萄去皮。迷你番茄用熱水燙去外皮，過水，瀝除多餘水分。
2 菊花用醋水燙過，過水，瀝除水分。
3 將水和砂糖煮沸，製成糖漿，加入用水調勻的太白粉汁，以增加濃度，冰涼。
4 在容器中放入水果和糖漿，加入切小塊的葛餅、蕨餅、櫻花餅，撒上2的菊花。
5 食用時，請用網杓等舀取湯料。

六種涼凍

彩圖p．66

【材料】
果凍液
水 600ml
砂糖 120g
白色柑橘香甜酒 10ml
吉利丁粉 20g
檸檬糖漿、草莓糖漿、哈蜜瓜糖漿 各適量
梨、巨峰葡萄 各適量
裝飾（發泡鮮奶油、煉乳、櫻桃、蜜煮黑豆、草莓凍、橄欖、番茄羹、蜜煮金時豆、蜜煮白花豆） 各適量
山蘿蔔 適量

【作法】
1 將水和砂糖混合煮沸，倒入已用100ml的水（分量外）溶解的吉利丁粉混勻，放涼後，加入白色柑橘香甜酒混合。
2 將1的果凍液分3等份，用檸檬糖漿、草莓糖漿和哈蜜瓜糖漿分別染色。
3 梨去皮，切成一口大小。巨峰葡萄去皮，剔除種子。
4 在6個玻璃容器中，每2杯倒入相同的果凍液，共倒入3種果凍液，放入梨和巨峰葡萄，冷藏使其凝結。
5 分別擠上發泡鮮奶油，放上各種裝飾和山蘿蔔。

三色球凍

彩圖p.66

【材料】

果凍液
- 水 600ml
- 砂糖 120g
- 吉利丁粉 20g
- 巨峰葡萄汁、桃子汁、橘子汁 各50ml

草莓糖漿凍
- 水 200ml
- 砂糖 50g
- 吉利丁粉 5g
- 草莓糖漿 少量

發泡鮮奶油、蜜煮黑豆、芒果凍、毛豆凍、草莓糖漿凍 各適量

【作法】

1 將水和砂糖混合煮沸，倒入已用100ml的水（分量外）溶解的吉利丁粉混勻。

2 將1分成3等份，稍涼後，分別混入巨峰葡萄、桃子和橘子汁，倒入矽膠製的球狀模型中，冷藏使其凝結。

3 製作草莓糖漿凍。將水和砂糖混合煮沸，倒入用少量的水溶解的吉利丁粉混勻，再混合草莓糖漿。

4 等2凝結後，放入容器中，在周圍倒入變涼的3的糖漿凍汁，再藏使其凝結。

5 凝固後，上面擠上發泡鮮奶油，放上切小塊的芒果、毛豆和草莓等果凍，最後裝飾上蜜煮黑豆。

烤茄冰淇淋

彩圖p.67

【材料】

- 茄子 2條
- 糖漿 適量
- 鮮奶 1000ml
- 白砂糖 100g+50g
- 轉化糖（invert sugar） 100g
- 蛋黃 8個
- 鮮奶油 150ml

【作法】

1 將鮮奶、100g白砂糖和轉化糖混合加熱，煮到快沸騰為止。

2 將50g白砂糖和蛋黃充分混合，和1混合後，以小火一面煮，一面混拌，煮到變黏稠為止。

3 變黏稠後，連盆放入冷水中冷卻，再混入鮮奶油。

4 茄子烤過去皮，用糖漿煮過，用刀剁碎。

5 將3和4混合，放入冰淇淋製造機中製作。若無機器，可倒入淺鋼盤中，放入冷凍室冰凍，凝固後將整體充分混拌，此項作業重覆3～4次。

6 在容器中盛入冰淇淋，撒上白砂糖（分量外），用瓦斯噴槍將表面烤焦。

【重點筆記】

・轉化糖具有安定劑的作用。用於冰淇淋或雪酪等冷凍甜點時，能使口感變細滑，也能保持甜點的風味與鮮度。若無轉化糖，可增加白砂糖取代其分量。

番茄凍

彩圖p.68

【材料】

- 番茄 4個
- 白砂糖 適量
- 吉利丁片 7g
- 水 30ml
- 卡士達醬 適量
- 蜜煮白桃 適量
- 蠶豆醬汁、枸杞、山蘿蔔 各適量

【作法】

1 將番茄切碎，加入白砂糖混合攪拌，放置一天備用。

2 番茄滲出的汁用紗布等過濾，大致取200ml的番茄汁。

3 將2的汁加熱，放入已泡水回軟的吉利丁片混勻，冷藏使其凝結。

4 在玻璃容器中，放入卡士達醬，放上切成一口大小的蜜煮白桃，淋上3的番茄凍。再裝飾上蠶豆醬汁、枸杞和山蘿蔔。

黑糖葛粉皮

彩圖p.69

【材料】

- 吉野葛 50g
- 砂糖 50g
- 水 150g

黑糖蜜
- 黑砂糖 50g
- 砂糖 50g

水　250ml

【作法】

1 將吉野葛和砂糖、水混合，一面碾碎葛粉塊，一面混勻，用網篩過濾，勿殘留粉粒。

2 將黑糖蜜的材料混合煮沸，冰涼備用。

3 在方形淺鋼盤中放入約2大匙已充分混勻的1，連盤一起放入煮沸的沸水中浸泡。若葛皮表面變乾，淋些熱水，再放入沸水中浸泡。

4 等葛皮變透明後，連鋼盆一起取出，放入冰水中浸泡，將葛粉皮從鋼盆中取出。等葛皮充分變涼後，瀝除多餘水分，切成寬麵條狀。

5 盛入容器中，淋上黑糖蜜。

五色蔬菜布丁

彩圖p.70

【材料】

白蘿蔔泥　100g
南瓜泥　100g
菠菜泥　100g
胡蘿蔔泥　100g
馬鈴薯（印加的覺醒）泥　100g
※一種黃肉甜馬鈴薯，日本品種。
白砂糖　50g×5
水　適量
布丁材料
鮮奶　250ml×5
洋菜粉　4g×5
煉乳　2大匙×5
鮮奶油　100ml×5
蜜煮白蘿蔔、南瓜、菠菜、胡蘿蔔、馬鈴薯　各適量

【作法】

1 白蘿蔔、胡蘿蔔、菠菜、南瓜、馬鈴薯分別用沸水煮軟，放入食物調理機中攪打成泥。每100g的蔬菜泥，加入50g的砂糖和適量的水，製成蔬菜汁。

2 製作布丁。將鮮奶、洋菜粉和煉乳混合加熱，煮沸後離火，放涼後混入鮮奶油。

3 在各種1的180ml蔬菜汁中，加入2，倒入容器中，冷藏使其凝結。

4 最後，分別在上面放上各種蜜煮蔬菜。

極具創意的人氣和風甜點

冰淇淋天婦羅

彩圖p.72

【材料】

冰淇淋　適量
最中餅的餅皮（譯註：最中餅是以糯米餅皮夾餡的日本傳統甜點）　適量
麵衣
蛋黃　1個
水　150ml
麵粉　200ml
黑糖蜜　適量
食用酸漿　適量

【作法】

1 在最中餅的餅皮之間夾入冰淇淋。

2 將蛋黃和水充分混合，加麵粉大幅度混拌，製成麵衣。

3 在1上裹上麵衣，放入炸油中油炸。

4 麵衣熟透後，瀝除多餘油份，盛入容器中，淋上黑糖蜜，裝飾上食用酸漿。

氣球餅

彩圖p.73

【材料】

艾草餅
上新粉　200g
熱水　240ml
艾草葉　50g
砂糖　50g
黑糖蜜、山蘿蔔　各適量

【作法】

1 在料理盆中放入上新粉和熱水充分混拌均勻，放入蒸鍋中以大火蒸。

2 艾草葉用沸水燙過，過水取出，瀝除水分，切碎，並磨碎。

3 在1中混入2，用研磨棒充分碾搗，製成艾草餅。

4 手上沾上太白粉，取適量3的餅，仔細揉成圓球狀，讓表面光滑無裂縫。

5 將4放入炸油中，用湯匙等工具一面轉動，一面油炸。等餅膨脹中空如氣球般時撈出，瀝除油分。

6 盛入容器中，佐配黑糖蜜，裝飾上山蘿蔔。

蒙布朗蕎麥麵

彩圖p.74

【材料】
蕎麥粉 200g
麵粉 70g
水 150~180ml
砂糖 100g
栗子泥 70g
栗金飩、發泡鮮奶油、藍莓、梅粒凍、薄荷葉 各適量

【作法】
1 蕎麥粉和麵粉混合，砂糖和水混合好，分3次均勻倒入粉中，用雙手揉搓混合，混合成顆粒狀後，加入栗子泥，再將整體充分揉搓。
2 將1擀薄切成蕎麥麵狀，放入沸水煮熟撈出，瀝除水氣。
3 在栗金飩上面，放上2的蕎麥麵，盛入容器中。佐上發泡鮮奶油，最後裝飾上藍莓、梅粒凍和薄荷葉。

栃餅的冰淇淋薄餅

彩圖p.74

【材料】
栃餅（tochimochi） 適量
香草冰淇淋 適量
發泡鮮奶油 適量
薄餅麵團
　蛋 2個
　砂糖 20g
　鮮奶 250ml
　融化奶油液 20g
　低筋麵粉 80g
柳橙、奇異果水果、藍莓、山蘿蔔 各適量

【作法】6片份
1 製作薄餅麵團。將蛋打蛋，加入砂糖、鮮奶和融化的奶油充分混勻。再加低筋麵粉混合，放入冷藏室一天。
2 在樹脂加工的平底鍋中薄塗上油，將1薄薄的攤在上面煎好。
3 薄餅涼了之後，放上栃餅、香草冰淇淋和發泡鮮奶油捲包起來。
4 將餅切半，盛入容器中，再放上切片柳橙、奇異果和藍莓，最後裝飾上山蘿蔔。

斑豆塔

彩圖p.75

【材料】
塔的麵團
　奶油 70g
　砂糖 35g
　蛋黃 1個
　低筋麵粉 130g
斑豆鮮奶油
　蜜煮斑豆 50g
　鮮奶油 50g
發泡鮮奶油
　鮮奶油 100g
　砂糖 10g
金箔、山蘿蔔 各少量

【作法】
1 製作塔麵團。將無鹽奶油放在室溫下回軟，加入砂糖用打蛋器混合成泛白的乳脂狀。慢慢加入蛋黃充分混勻，加入低筋麵粉大幅度混拌，揉成一團後，用保鮮膜包好，放入冷藏醒麵1小時以上。
2 配合塔模型大小將1的麵團擀開，放入180℃的烤箱中烘烤上色。
3 製作斑豆鮮奶油。用網篩過濾蜜煮斑豆，加入鮮奶油混勻。
4 混合鮮奶油和砂糖，用打蛋器攪打成發泡鮮奶油。
5 在2的塔上，塗上發泡鮮奶油，擠上斑豆鮮奶油，再擠上剩餘的發泡鮮奶油，放上蜜煮斑豆，再裝飾上金箔和山蘿蔔。

黑芝麻布丁

彩圖p.76

【材料】
黑芝麻 15g
鮮奶 250ml
糖粉 50g
吉利丁片 6g
黑糖蜜 適量
黑芝麻豆腐、發泡鮮奶油、薄荷葉 各適量

【作法】
1 將黑芝麻炒香，混合鮮奶用果汁機攪打，倒入鍋中加熱，加入糖粉混勻，再加入已泡水回軟的吉利丁片使其溶解。
2 放涼後，過濾，倒入玻璃容器中，冷藏使其凝結。
3 淋上黑糖蜜，放上切丁的黑芝麻豆腐和發泡鮮奶油，

裝飾上薄荷葉。

豆奶布丁

彩圖p.76

【材料】
豆奶　150ml
鮮奶　100ml
糖粉　50g
吉利丁片　6g
香草精　少量
藍莓優格醬汁　適量
發泡鮮奶油、蜜煮紅薯、薄荷葉　各適量

【作法】
1 豆奶和鮮奶混合加熱，加入糖粉混勻，再加入已泡水回軟的吉利丁片使其溶解。
2 放涼後，加入香草精增加香味，倒入玻璃容器中，冷藏使其凝結。
3 淋上藍莓優格醬汁，加上發泡鮮奶油和切片蜜煮紅薯，再裝飾上薄荷葉。

花豆布丁

彩圖p.77

【材料】
蜜煮花豆　100g
鮮奶　150ml
吉利丁片　10g
鮮奶油　200ml
蜜煮花豆、山蘿蔔　各適量

【作法】
1 將蜜煮花豆和鮮奶用果汁機攪打成泥，過篩後剔除豆皮。
2 將1加熱，放入已泡水回軟的吉利丁片混勻，放涼。
3 鮮奶油打至七分發泡，混入2中，倒入容器中，冷藏使其凝結。
4 放上蜜煮花豆，裝飾上山蘿蔔。

焙茶布丁

彩圖p.77

【材料】
焙茶包　2袋份
鮮奶　400ml
白砂糖　100g
蛋　3個
鮮奶油　100ml
香草精　少量
發泡鮮奶油、蜜煮花豆、金箔、薄荷葉　各適量

【作法】
1 在鍋裡放入鮮奶、白砂糖和焙茶包，加熱。
2 將蛋打散，加入1，充分混合，過濾。裡面加入鮮奶油和香草精混合。
3 放入容器中，用蒸鍋以小火蒸12分鐘，放涼後再冰涼。
4 最後擠上發泡鮮奶油，放上蜜煮花豆，裝飾上金箔、薄荷葉。

烤蘋果佐卡士達醬

彩圖p.78

【材料】
蘋果（紅玉）　4個
肉桂糖
　砂糖　4大匙
　肉桂　1小匙
卡士達醬　適量
山蘿蔔　適量

【作法】
1 蘋果橫切上部，作為蓋子，挖出果核，但底部別穿孔，裡面放入肉桂糖，蓋上蘋果蓋。
2 將1放在烤盤上，放入180℃的烤箱中，約烤20分鐘。
3 烤好後，拿掉蘋果蓋，填入大量卡士達醬，表面用瓦斯噴槍烘烤，烤出焦色。
4 盛入容器中，裝飾上山蘿蔔。

豆腐起司蛋糕

彩圖p.79

【材料】
絹豆腐　100g
奶油起司　230g
蛋黃　2個
砂糖　20g＋20g＋20g
鮮奶　100ml
吉利丁粉　10g

鮮奶油 100ml
檸檬汁 1/2個份
藍莓、蜜煮冬瓜、蜜煮迷你番茄、薄荷葉 各適量

【作法】

1 將蛋黃和20g砂糖放入料理盆中，一面隔水加熱，一面充分混合成泛白的乳脂狀。
2 攪拌奶油起司，再慢慢加入1充分混勻。
3 將鮮奶和20g砂糖混合，加熱至70℃，倒入已用50ml的水（分量外）溶解的吉利丁粉混勻，放涼。
4 在鮮奶油中加入20g砂糖，打至七分發泡，加入過濾好的豆腐和檸檬汁混勻。
5 在2中混入3充分混勻，再加4混合，倒入模型中，冷藏使其凝結。
6 脫模後盛入容器中，放上藍莓、切片蜜煮冬瓜和蜜煮迷你番茄，裝飾上薄荷葉。

蜜煮及黑糖煮白桃

彩圖p.79

【材料】

白桃 2個×2
葡萄酒糖漿
水 350ml
白葡萄酒 250ml
白砂糖 120g
肉桂棒 1根
檸檬汁 1/4個份
黑糖糖漿
水 700ml
黑糖 240g
發泡鮮奶油、蜜煮黃桃，楊桃、櫻桃、山蘿蔔 各適量

【作法】

1 白桃用熱水燙過去皮，分切兩半，剔除種子。
2 製作蜜煮白桃。混合葡萄酒糖漿的材料，放入白桃熬煮。白桃直接放在煮汁中放涼，浸漬一天以上。
3 用步驟2相同的方式製作黑糖煮白桃。
4 將蜜煮和黑糖白桃都切成好食用大小，盛盤，擠上發泡鮮奶油，放上蜜煮黃桃、楊桃和櫻桃，再裝飾上山蘿蔔。

豆奶芒果雙色布丁

彩圖p.80

【材料】

豆奶布丁
豆奶 250ml
鮮奶 100ml
糖粉 50g
吉利丁片 6g
香草精 少量
芒果布丁
芒果泥 150ml
鮮奶 100ml
糖粉 50g
吉利丁片 6g
發泡鮮奶油、草莓、酪梨醬、山蘿蔔 各適量

【作法】

1 製作豆奶布丁。將豆奶和鮮奶混合加熱，加入糖粉混勻，再加入已泡水回軟的吉利丁片融合。放涼後，加入香草精增加香味，倒入玻璃容器中，冷藏使其凝結。
2 製作芒果布丁。將鮮奶加熱，加入糖粉混勻，放入已泡水回軟的吉利丁片使其溶解。放涼後，和芒果泥混合，倒到1的上面，冷藏使其凝結。
3 擠上發泡鮮奶油，放上切片草莓，加上酪梨醬汁，裝飾上山蘿蔔。

桑葉慕斯

彩圖p.81

【材料】

桑葉 6片
鮮奶 300ml
砂糖 60g
吉利丁粉 10g
鮮奶油 200ml
芒果、草莓、發泡鮮奶油、蜜煮花豆、山蘿蔔 各適量

【作法】

1 將桑葉、鮮奶和砂糖混合，用果汁機攪碎。
2 將用50ml的水（分量外）溶解的吉利丁粉隔水加熱融化，放涼。
3 將1和2混合，混入打至七分發泡的鮮奶油，倒入淺鋼盆中，冷藏使其凝結。
4 切成好食用大小，其間夾入切片芒果，盛入容器中，擠上發泡鮮奶油，裝飾上草莓、蜜煮花豆和山蘿蔔。

【重點筆記】

・用微波爐將桑葉微波變乾，也可以攪打成粉末，以利長期保存。

甜煮白花豆

彩圖p．83

【材料】
白花豆　150g
水　適量
砂糖　150g
鹽　少量

【作法】
1　白花豆用水洗淨，用大量的水浸泡半天。
2　將1加熱，過程中一面加水，一面煮到豆子變軟為止。
3　變軟後，分3次加入砂糖，再熬煮。
4　最後，加少量鹽調味。

甜煮金時豆

彩圖p．83

【材料】
金時豆　110g
水　適量
砂糖　110g
鹽　少量

【作法】
1　金時豆用水洗淨，用大量的水浸泡半天。
2　將1加熱，過程中要一面加水，一面煮到豆子變軟為止。
3　變軟後，分3次加入砂糖，再熬煮。
4　最後，加少量鹽調味。

蜜煮黑豆

彩圖p．83

【材料】
黑豆　100g
水　適量
砂糖　100g
鹽　少量

【作法】
1　黑豆用水洗淨，用大量的水浸泡半天。
2　將1連同水一起放入鐵鍋中，以不滾沸的小火，煮到豆子變軟為止。過程中若水變少，要補充水，讓全部豆子都能浸泡在水中。
3　在2中，先加入1／5分量的砂糖，煮開後熄火，自然放涼。此步驟共進行5次。
4　最後，加少量鹽調味。

【重點筆記】
・加砂糖作業一天大致是2次。

甜煮豌豆

彩圖p．83

【材料】
豌豆（從豆莢中取出的）　200g
水　200ml
砂糖　50g

【作法】
1　豌豆連莢一起放入熱水中，用沸水煮過，瀝除水分，從豆莢中取出豌豆。
2　將水和砂糖混合加熱，煮開後，以冷水冷卻，製成糖漿。
3　將1放入糖漿中醃漬，浸漬一天讓它入味。

甘露煮栗

彩圖p．83

【材料】
栗子　5個
梔子仁　1個
水　100ml
砂糖　50g

【作法】
1　栗子去硬皮和薄皮，加入能覆蓋的水量，放入弄碎的梔子仁一起水煮。
2　將水和砂糖混合加熱，煮開後，鍋底放冷水冷卻，製成糖漿。
3　在糖漿中放入1浸漬，浸泡一天以上讓它入味。

話題食材製作的人氣和風甜點

地瓜餅乾水果三明治

彩圖p．85

【材料】
餅乾麵團
蛋　1個
砂糖　100g
甜點用麻油　70ml

低筋麵粉 120g
紅薯泥 120g
栗子泥 適量
水果（巨峰葡萄、哈蜜瓜、梨） 各適量
糖粉、蜜煮黑豆 各適量

【作法】

1 將蛋打散，加入砂糖用打蛋器攪拌混合，慢慢加入甜點用麻油混合。
2 徹底混勻後，加入低筋麵粉混合。再加入紅薯泥充分混合成一團。
3 將2的麵團切成適當的大小，揉成圓形壓平，排放在烤盤上，放入160℃的烤箱中約烤10分鐘。
4 餅乾放涼後，塗上栗子泥，放上切好的水果，再蓋上另一片餅乾夾住。
5 盛入容器中，撒上糖粉，放上蜜煮黑豆。

【重點筆記】

・夾在其間的餡泥，也可用南瓜、毛豆、花豆等各種材料製作。使用紅豆餡、白豆餡、卡士達醬等也很美味。還可用各式各樣的季節水果做變化。

安納紅薯鬆餅

彩圖p.86

【材料】

安納紅薯片 100g
低筋麵粉 200g
泡打粉 5g
蛋 1個
鮮奶 250ml
甜點用麻油 40g
楓糖漿 100ml
白芝麻 1大匙

【作法】

1 在料理盆中放入安納紅薯片、低筋麵粉和泡打粉，用打蛋器混合。中央弄凹，放入蛋、鮮奶和甜點用麻油，和粉類混合。
2 在樹脂加工的平底鍋中加熱油，放上直徑5cm的模型，裡面倒入1的麵糊，煎至表面冒出氣泡後，拿掉模型，翻面續煎。
3 盛入容器中，淋上楓糖漿，撒上白芝麻。

炸韭菜餅

彩圖p.86

【材料】15個份

韭菜 1把
鹽 少量
中筋麵粉 250g
溫水 200ml
紅豆餡 300g
太白芝麻油 適量
黑糖蜜 適量

【作法】

1 韭菜切碎，加鹽揉搓後用水清洗，擠除水分，放入食物調理機中攪碎。
2 在料理盆中放入中筋麵粉，一面酌量加入溫水，一面用筷子混拌，加入1，等整體都變濕後，用手充分揉捏，靜置醒麵。
3 醒麵30分鐘後，再揉捏，再放置30分鐘醒麵。
4 將3分成15等份，揉圓，壓平，包入分成15等份揉圓的紅豆餡。
5 將麻油加熱，放入4，油炸成焦黃色。
6 瀝除多餘油份，盛入容器中，淋上黑糖蜜。

大學芋（譯註：為日本甜點名，類似台灣的拔絲地瓜）裹梅子糖漿

彩圖p.87

【材料】

安納紅薯 1條
太白芝麻油 適量
梅子糖漿 適量

【作法】

1 安納紅薯切成月牙片，入水漂洗。
2 充分瀝除水氣，放入加熱至160℃的麻油中，慢慢油炸。安納紅薯熟透浮起後撈出，將油加熱至180℃，再放回紅薯，炸至呈黃金色。
3 在鍋裡放入梅子糖漿加熱，熬煮成麥芽糖狀。
4 將2的紅薯裹上3，盛入容器中。

【重點筆記】

・沒有梅子糖漿時，用沙拉油1大匙、砂糖100g、水2大匙混合，再加少量的醋，熬煮成黃褐色，也可用此醬汁沾裹。

炸七彩芝麻牛蒡酥

彩圖p.87

【材料】

牛蒡 1/2條

糖漿 適量
芝麻（染色） 適量
太白芝麻油 適量

【作法】

1 牛蒡清除污泥，切成3～4cm長，放入醋水中燙煮。從切口能看見的年輪部分，用牙籤等刺入轉一圈，去除中心，成為管狀牛蒡。
2 將1的牛蒡用糖漿熬煮入味。
3 瀝除糖漿後，沾上染色芝麻，用麻油油炸。
4 撈出瀝除多餘油分，盛入容器中。

紅豆煎餃　藍莓優格

彩圖p.88

【材料】20個份
紅豆餡 300g
煎餃皮
　高筋麵粉 200g
　甜點用麻油 2小匙
　熱水 100ml
　鹽 少量
藍莓優格醬汁 適量
山蘿蔔 適量

【作法】

1 製作煎餃皮。將材料混合揉搓，成為耳垂般的柔軟度，用保鮮膜包好，靜置約15分鐘醒麵。分成20等份，用擀麵棍擀成圓形。
2 在煎餃皮上，放上分成20等份的紅豆餡包起來。
3 在樹脂加工的平底鍋中熱油，放上2，煎到兩面的餃皮變焦脆。
4 盛入容器中，旁邊淋上藍莓優格醬汁，再裝飾上山蘿蔔。

白豆煎餃　藍莓醬汁

彩圖p.88

【材料】20個份
白豆餡 300g
煎餃皮（→請參照「紅豆煎餃」） 20片
藍莓醬汁 適量
山蘿蔔 適量

【作法】

1 在煎餃皮上，放上分成20等份的白豆餡包起來。
2 在樹脂加工的平底鍋中熱油，放上1，煎到兩面的餃皮變焦脆。
3 盛入容器中，旁邊淋上藍莓醬汁，再裝飾上山蘿蔔。

櫻花餡和柿子餡萩餅　昆布鬆捲

彩圖p.89

【材料】
糯米 300ml
水 240ml
砂糖 50g
鹽 少量
櫻花餡、柿子餡 各適量
昆布鬆 適量

【作法】

1 糯米洗淨，泡水半天備用。
2 在淺鋼盤中放入糯米和水，用蒸鍋以大火蒸30分鐘。
3 蒸好後，加入砂糖和鹽，以研磨棒搗成還有米粒殘留的程度。
4 趁3還熱時揉成圓形，壓平，上面放上櫻花餡包起來。柿子餡萩餅也以相同方法製作。
5 將昆布鬆攤開，分別捲包4的萩餅。
6 從中切半，盛入容器中。

柿子芝麻奶油布丁

彩圖p.90

【材料】
柿子
白芝麻鮮奶油
　白芝麻醬 100g
　味醂 1大匙
　砂糖 1大匙
　鮮奶 200ml
吉利丁粉 6g
柿子泥 適量

【作法】

1 柿子橫切上部，作為蓋子，挖空果肉，保留厚皮。
2 製作白芝麻鮮奶油。在芝麻醬中混入砂糖，慢慢加入味醂和鮮奶，充分混合。
3 用30ml水（分量外）溶解吉利丁粉，隔水加熱混勻後放涼。
4 在白芝麻鮮奶油中，加入柿子泥混合，再倒入3充分混勻。

5 在1的挖空柿子中，倒入4，冷藏使其凝結，上面放上柿子泥。

紫紅薯奶油起司布丁

彩圖p.90

【材料】5個份

奶油起司　230g
蛋黃　2個
砂糖　20g＋20g＋20g
鮮奶　100ml
吉利丁粉　10g
鮮奶油　130ml
紫色紅薯泥　50g
柚子容器　5個
卡士達醬　適量

【作法】

1 過濾奶油起司，將蛋黃和20g砂糖攪打成泛白的乳脂狀，再慢慢加入奶油起司混合。
2 將鮮奶和20g砂糖加熱至70℃，加入用50ml水（分量外）溶解吉利丁粉，混勻。
3 在鮮奶油中加入20g砂糖，攪打至七分發泡的程度。
4 混合1、2和紫色紅薯泥，放涼，加入3輕輕混合，倒入柚子容器中冷藏使其凝結，最後放上卡士達醬。

卡士達醬奶油起司布丁

彩圖p.90

【材料】5個份

奶油起司　230g
蛋黃　2個
砂糖　20g＋20g＋20g
鮮奶　100ml
吉利丁粉　10g
鮮奶油　130ml
卡士達醬　50g
柚子容器　5個
抹茶醬汁、甘露煮栗　各適量

【作法】

1 過濾奶油起司，將蛋黃和20g砂糖攪打成泛白的乳脂狀，再慢慢加入奶油起司混合。
2 將鮮奶和20g砂糖加熱至70℃，加入用50ml的水（分量外）溶解吉利丁粉混勻。
3 在鮮奶油中加入20g砂糖，攪打至七分發泡的程度。
4 混合1、2和卡士達醬，放涼，加入3輕輕混合，倒入柚子容器中冷藏使其凝結，最後淋上抹茶醬汁，再放上甘露煮栗。

【重點筆記】

・抹茶醬汁的作法：將1小匙抹茶和1大匙砂糖混合，用1大匙熱水溶解，加入鮮奶150ml後加熱，再加入用2大匙水溶解好的1大匙太白粉，讓醬汁增加濃度。

櫻花糕

彩圖p.91

【材料】8個份

道明寺粉（譯註：泡水蒸過的糯米，經乾燥後磨成粗粒粉狀，最初源於大阪府的道明寺。）　170g
砂糖　50g
水　35ml
紅色食用色素　少量
紅豆餡　160g
鹽漬櫻花葉　8片

【作法】

1 道明寺粉用水洗淨，泡水，瀝除水分後，放入鋪了濕布的蒸鍋內，用大火蒸15～20分鐘。
2 將砂糖和水混合，讓砂糖溶解，加入紅色食用色素。
3 在蒸好的1中混入2，靜置20分鐘讓它鬆弛。
4 粉團鬆弛融合後，等分成每團25g，每一團包入20g的紅豆餡，修整形狀，接著用洗淨、瀝除水氣的櫻花葉包裹。

艾草糕

彩圖p.91

【材料】16個份

艾草葉　150g
上新粉　200g
熱水　240ml
砂糖　50g
櫻花餡　320g
鹽漬櫻花　16個

【作法】

1 摘取艾草葉尖，用加鹽的熱水汆燙過，用水漂洗，擠乾水分，切碎再磨碎。
2 上新粉加熱水充分揉捏，放入鋪了濕布的蒸鍋裡，以大火蒸。
3 蒸好後，用研磨棒研磨，加入1和砂糖揉捏。

4 將3平均等分，每份包入20g櫻花餡，捏成花瓣形，在中央放上經水洗、瀝除水氣的櫻花。

安納紅薯包

彩圖p.92

【材料】10個份

安納紅薯泥 250g
花豆餡 250g
安納紅薯、柿子 各適量

【作法】

1 安納紅薯泥和花豆餡分別取25g混合，混合成大理石花紋狀，用保鮮膜或濕布包裹擰緊，成為包裹狀。
2 將切薄片的安納紅薯和柿子，放入100℃的烤箱中約烤30分鐘。
3 在容器中盛入1和2。

安納紅薯瑞士捲

彩圖p.93

【材料】

瑞士捲麵團
蛋 4個
砂糖 50g+50g
低筋麵粉 100g
香草油 少量
糖粉 少量
安納紅薯鮮奶油
安納紅薯 300g
砂糖 75g
鮮奶油 100ml
水果（楊桃、無花果、草莓等） 各適量

【作法】

1 將蛋的蛋黃和蛋白分開，分別加入50g砂糖，充分打發。
2 將分別打發的蛋黃和蛋白混合，加入低筋麵粉大幅度的混拌，再加香草油增加香味。
3 將2的麵團裝入圓形花嘴的擠花袋中，斜向擠在烤盤上，撒上糖粉，放入170℃的烤箱中約烤20分鐘。脫模後放涼。
4 製作安納紅薯鮮奶油。將安納紅薯切成約3cm的寬度，用沸水煮軟後去皮，過濾。在薯泥中加入砂糖混合，再加入打發至三分發泡的鮮奶油混合。
5 在3中塗上大量的安納紅薯鮮奶油捲包起，用保鮮膜等包好，讓它定形。
6 拿掉保鮮膜，分切好，盛入容器，再加上切片楊桃。

安納紅薯冰淇淋

彩圖p.93

【材料】

鮮奶 1000ml
白砂糖 100g+50g
轉化糖 100g
蛋黃 8個
香草棒 1/2條
鮮奶油 150ml
安納紅薯泥 200g
無花果、蜜煮黑豆 各適量

【作法】

1 將鮮奶、100g的白砂糖、轉化糖和香草棒混合加熱，煮至快要沸騰之前。
2 將蛋黃和50g白砂糖充分混合，加入1中，用小火一面加熱，一面不停混拌讓它變濃稠。這時溫度保持在80℃，不可煮沸。
3 煮至變濃稠後，迅速連鍋放入冷水中冷卻，冷卻至30℃，再加鮮奶油、安納紅薯泥混合。
4 過篩後，放入冰淇淋製造機中製成冰淇淋。若無機器，可倒入淺鋼盤中，放入冷凍室中冷凍，凝固後，將整體混拌再放回冷凍。如此作業重覆3～4次，讓冰淇淋變細滑。
5 盛入容器中，放上切好的無花果和蜜煮黑豆。

安納紅薯香蕉薄餅　佐藍莓優格醬汁

彩圖p.93

【材料】

安納紅薯薄餅麵團
蛋 2個
砂糖 10g
鮮奶 150ml
融化無鹽奶油液 5g
甜點用麻油 5ml
低筋麵粉 50g
安納紅薯泥 50g
香蕉 適量
無鹽奶油、白砂糖 各適量
藍莓優格醬汁、山蘿蔔 各適量

【作法】

1 蛋打散，加入砂糖、鮮奶、融化奶油液、甜點用麻油，用打蛋器混合，充分混勻後加入低筋麵粉混合。
2 在安納紅薯泥中，慢慢加入1混合，放入冰箱冷藏一天讓它鬆弛。
3 在樹脂加工的平底鍋中，薄塗上甜點用麻油，倒入2的麵糊煎烤。
4 在平底鍋中融化無鹽奶油，放入香蕉，撒上白砂糖，一面翻動香蕉，一面煎烤。
5 將3攤開，放上4捲包起來，再切成約5cm長。
6 盛入容器中，淋上藍莓優格醬汁，裝飾上山蘿蔔。

青梅洋菜凍

彩圖p.94

【材料】5個份
甘露煮青梅　5個
梅子糖漿　600ml
洋菜粉　6g
櫻桃、彩色甜椒　各適量

【作法】
1 梅子糖漿和粉洋菜混合加熱，洋菜融化後離火，放涼。
2 保鮮膜鋪底，放上中空圈模，放入甘露煮青梅，再倒入1，冷藏使其凝結。
3 在容器中鋪入碎冰，鋪上板谷楓葉等，上面放上脫模的2，再裝飾上櫻桃和彩色甜椒。

蔬菜凍巧克力鍋

彩圖p.94

【材料】
胡蘿蔔泥　150g
紅薯泥　150g
豌豆泥　150g
白蘿蔔泥　150g
南瓜泥　150g
砂糖　50g×5
洋菜液
　洋菜粉　3g×5
　水　90ml×5
　砂糖　25g×5
巧克力糖漿　200ml
鮮奶油　30ml
彩色巧克力米　適量

【作法】
1 將胡蘿蔔、紅薯、豌豆、白蘿蔔和南瓜分別蒸軟，用網篩過濾成泥狀。
2 將洋菜粉、水和砂糖混合，以中火加熱，用木杓一面攪拌混合，一面讓洋菜徹底煮融，製成洋菜液。
3 將胡蘿蔔泥加熱，加入50g砂糖煮融，加入2的洋菜液混合。放涼後，倒入活動式槽狀模中，冷藏使其凝結，製成胡蘿蔔洋菜凍。以相同方式，製作紅薯、豌豆、白蘿蔔和南瓜的洋菜凍。
4 將3的洋菜凍，分別切成一口大小，插上巧克力鍋用的叉子，盛入容器中。
5 用鮮奶油稀釋巧克力糖漿，放入小型的巧克力鍋中，撒入彩色巧克力米，和4一起端入客席。將巧克力醬汁加熱，一面用蔬菜洋菜凍沾取，一面食用。

和風甜麵

彩圖p.95

【材料】
麵粉（中筋麵粉）　500g×4
水　250ml×4
鹽　15g×4
芒果泥、哈蜜瓜泥、草莓泥、安納紅薯泥　各30g
黑糖蜜　適量

【作法】
1 將水和鹽混合，加入芒果泥混勻。
2 在麵粉中加入1，在整體平均倒入水後充分揉捏，揉捏好的麵團靜置半天讓它鬆弛，製成芒果麵團。以相同的作法，製作哈蜜瓜、草莓和安納紅薯的麵團。
3 鬆弛好的麵團分別擀薄，切成麵條狀。
4 放入熱湯中燙過後，用水漂洗，再過冷水取出，瀝除水氣。
5 容器中分別盛入麵條，佐配黑糖蜜。

【重點筆記】
・除了水果之外，也可以用紫紅薯、紅薯、南瓜或胡蘿蔔等製作蔬菜麵條。蔬菜分別用沸水燙過後，打成泥，再混入麵粉中即可。

基本的糖漿、醬汁等

糖漿

【材料】
砂糖　100g
水　200ml

【作法】
1　將砂糖和水放入鍋裡加熱，煮開後放入冷水中冷卻。

黑糖蜜

【材料】
黑糖　120g
水　100ml

【作法】
1　用刀將黑糖剁碎。
2　將黑糖和水放入鍋中加熱，煮開後放入冷水中冷卻。

藍莓醬汁

【材料】
藍莓　200g
水　200ml
砂糖　100g
玉米粉　2小匙

【作法】
1　用果汁機攪碎藍莓。
2　將1、水和砂糖放入鍋中加熱，煮開後加入玉米粉煮至變濃稠，放入冷水中冷卻。

藍莓優格醬汁

【材料】
藍莓醬汁　100g
藍莓優格　200ml

【作法】
1　在優格加入藍莓醬汁充分混合。

安納紅薯碎片

【材料】
安納紅薯　適量
水　100ml
砂糖　50g

【作法】
1　安納紅薯切薄片，用水漂洗。
2　將水和砂糖混合加熱，製成糖漿，將1的紅薯片沾滿糖漿後，放入烤盤中。
3　放入100℃的烤箱中約烤30分鐘，烤到水分充分散發。
4　讓3變涼，用手揉碎成片狀。

甘露煮青梅

【材料】
青梅　30個
水　1000ml+3000ml+1200ml
砂糖　200g+600g+300g
梅酒　200ml

【作法】
1　青梅表面用針刺過後，放入流水中浸泡一天。
2　在1000ml水中，加入200g砂糖和青梅煮沸，煮到青梅變軟後，靜置一天備用。
3　在3000ml的水中，加入600g砂糖煮沸，放入2浸泡五天。
4　將3用水清洗，在1200ml的水中，加300g砂糖煮融，加200ml梅酒，再放入洗過的3浸泡一週的時間。

【重點筆記】
·使用市售的甘露煮青梅時，只要用水洗一次，再放入4的糖漿中浸泡即可。

PROFILE

大田 忠道

現為「百萬一心味 全國天地會」會長。
兼任兵庫縣日本調理技能士會會長、神戸Meister、日本調理師聯盟有馬支部長、日本調理師協會副會長等多項公職。
2004年榮獲黃綬獎章。現於兵庫縣有馬溫泉經營「天地之宿 奧之細道」、「四季之彩 旅籠」、「御馳走塾 關所」等旅館。
活躍於電視、雜誌等媒體。

著作有

《だし合わせ調味料便利帳」、《四季的生魚片料理》、《人氣便當料理》、《人氣の小缽料理」、「人氣の卵料理」、「四季の居酒屋料理」(以上均為旭屋出版)等書。

中文版：

《珍味の料理》《日本料理職人刀工技術教本(附示範光碟)》(瑞昇文化)

TITLE

新味 和風餐後甜點料理

STAFF

出版　瑞昇文化事業股份有限公司
作者　大田 忠道
譯者　沙子芳

總編輯　郭湘齡
文字編輯　王瓊苹　林修敏　黃雅琳
美術編輯　李宜靜
排版　朱哲宏
製版　明宏彩色照相製版股份有限公司
印刷　皇甫彩藝印刷股份有限公司
法律顧問　經兆國際法律事務所　黃沛聲律師

戶名　瑞昇文化事業股份有限公司
劃撥帳號　19598343
地址　新北市中和區景平路464巷2弄1-4號
電話　(02)2945-3191
傳真　(02)2945-3190
網址　www.rising-books.com.tw
Mail　resing@ms34.hinet.net

初版日期　2013年1月
定價　420元

ORIGINAL JAPANESE EDITION STAFF

編　集／駒井麻子
撮　影／吉田和行
デザイン／小森秀樹

デザート・菓子制作協力

森枝弘好(鳥取県三朝温泉「斉木別館」料理長)
井上明彦(兵庫県湯村温泉「佳泉郷　井づつや」総料理長)
武田利史(香川県琴平町「湯元こんぴら温泉　華の湯　紅梅亭」料理長)
山口和孝(香川県琴平町「湯元こんぴら温泉　華の湯　桜の抄」料理長)
柏木直樹(兵庫栄養調理製菓専門学校　教授)
矢野宗幸(群馬県草津温泉「ホテル櫻井」総料理長)

國家圖書館出版品預行編目資料

新味和風餐後甜點料理／大田忠道著；沙子芳譯. -- 初版. -- 新北市：瑞昇文化，2013.01
128面；21X29公分

ISBN　978-986-5957-43-8 (平裝)

1. 點心食譜

427.131　　101027330